Produktmanagement – agil & lean

Jan Schneider

Produktmanagement – agil und lean

Methoden und Spielregeln für die Arbeit an der besseren Lösung

1. Auflage

Haufe Group
Freiburg · München · Stuttgart

Bibliografische Information der Deutschen Nationalbibliothek

Die Deutsche Nationalbibliothek verzeichnet diese Publikation in der Deutschen Nationalbibliografie; detaillierte bibliografische Daten sind im Internet über http://dnb.dnb.de/ abrufbar.

Print: ISBN 978-3-648-14280-6 Bestell-Nr. 10557-0001
ePub: ISBN 978-3-648-14281-3 Bestell-Nr. 10557-0100
ePDF: ISBN 978-3-648-14283-7 Bestell-Nr. 10557-0150

Jan Schneider
Produktmanagement – agil & lean
1. Auflage, Januar 2021

www.haufe.de
info@haufe.de

Bildnachweis (Cover): © spiral media, Adobe Stock

Produktmanagement: Anne Rathgeber
Lektorat: Juliane Sowah

Inhaltsverzeichnis

Sprint Zero

Eine Welt in Bewegung – die Veränderungen fordern uns heraus. Wie gehen wir mit dem Wandel um? Das Entdecken von Chancen, das Experimentieren mit Möglichkeiten, das Liefern von Lösungen steht im Zentrum des agilen Managementansatzes. Veränderungen sind willkommen.

Sprint Zero – ist der Einstieg in die agile Arbeit am Produkt. Was müssen wir tun, um flink und schlank Produkte zu entwickeln, die einen Unterschied machen? Welche Werkzeuge helfen dabei, unseren Kunden zu verstehen und Anforderungen in Lösungen zu übersetzen? Agile Teams sind von Beginn an im Liefermodus, das mutige Ausprobieren ist wichtiger als der scheinbar perfekte Umsetzungsplan. Jedoch, damit das gelingt, brauchen wir einen Rahmen aus Spielregeln, Zeremonien und Werkzeugen. Sprint Zero ist die Phase des Aufsetzens und Einschwingens – was brauchen wir für die erfolgreiche Arbeit am Produkt?

Produktverantwortung ist Geschäftsverantwortung – so ein Leitbild der agilen Produktarbeit. Damit die Produktgestaltung gelingt, braucht es mehr als Werkzeuge und Methoden. Ebenso wichtig, Fähigkeiten, Befugnisse und die richtige Mannschaft. Welche Kompetenzen, welche Erfahrungen, welche Spielräume sind wichtig, damit die Produktverantwortung gelingt? Sprint Zero ist der Moment der Positionsbestimmung. Was müssen wir entwickeln und fördern, damit das Produktteam seine Fähigkeiten entfaltet?

In diesem Buch geht es um das Handwerk des Produktmanagements: Wie erkennen wir die Probleme und Bedürfnisse unserer Kunden, wie finden und liefern wir Lösungen? Die Produktentwicklung, also die Übersetzung von Anforderungen und die Gestaltung von Produkten, steht im Mittelpunkt unserer Betrachtung.

Wie kann die Innovations- und Anpassungsfähigkeit gestärkt, wie die Umsetzung schnell, zuverlässig und profitabel gelingen? In diesem Buch lernen Sie Werkzeuge und Ansätze kennen, die dabei helfen, Lösungen flink und schlank zu gestalten. Das erwartet Sie in den folgenden Kapiteln:

Kapitel 1: Wettbewerbsfaktor Lernen – oder: Warum brauchen wir agile Arbeitsformen? Frühe, häufige Lieferung, mit hoher Geschwindigkeit, in kleinen, schlanken Teams: Es gibt einiges, was sich für die agile Arbeitsweise ändern muss. Warum entscheiden sich immer mehr Unternehmen dafür, die etablierten Vorgehensweisen zu verändern und sich neu zu erfinden?

Kapitel 2: Produktverantwortung übernehmen – auf dem Weg zum perfekten Product Owner. Egal, ob Owner oder Manager: Produktverantwortung ist Geschäftsverantwortung. Wie können wir in diese Aufgabe hineinwachsen? Welche Fähigkeiten sind wichtig, welche Befugnisse notwendig?

Kapitel 3: Agiles Management – Erfolgsfaktor Geschwindigkeit. Versuch und Irrtum als Methode: So lässt sich der zentrale Gedanke des agilen Ansatzes zusammenfassen. Ein Prozess des kontinuierlichen Lieferns und Verbesserns – ein strikt empirisches Vorgehen. Welche Prinzipien, welche Werte leiten uns in der agilen Arbeitsweise?

Kapitel 4: Lean Product Development – Agilität im Prozess sicherstellen. Es geht um eine gute Balance zwischen Entdecken und Umsetzen. Nicht nur unterscheiden sich die Produkte, sondern auch die einzelnen Produktlebensphasen. Welche Herausforderungen warten auf uns und wie können wir uns vorbereiten?

Kapitel 5: Lean Startup – früh, häufig und günstig scheitern. Der Lieferprozess des Bauens, Bewertens und Verbesserns startet. Wie lässt sich ein sinnvolles und zugleich machbares Lieferobjekt abgrenzen? Wie sieht die Balance zwischen Aufwand, Risiko und Lerneffekt aus? Die Erfahrungen der pure-digital-Geschäftsmodelle geben Anregungen, wie sich die Lernkurve hin zum Produkt gestalten lässt.

Kapitel 6: User-centric Design – der Nutzer im Fokus. Agile Produktentwicklung startet im Markt, dort, wo die Bedürfnisse und die Probleme zu finden sind. Wir verlassen das Labor, es geht hinaus zum Anwender, zum Kunden. So bekommen wir früh und häufig ehrliche Rückmeldungen.

Kapitel 7: Product Analytics – die digitale Datenspur auswerten. Das Innovative weist über die bekannten Anforderungen hinaus. Wir zielen auf den Kunden von morgen. Die digitale Datenspur ist zum Produktionsfaktor geworden. Die fortlaufende Analyse der Nutzerdaten ist das Fundament. Doch welche Daten brauchen wir und wie können wir sie sammeln und bewerten?

Kapitel 8: Business Modelling – das Geschäftsmodell verstehen. Lohnt sich das eigentlich? Von Anfang an beschäftigt uns die Frage nach Aufwand und Ertrag. Wie sieht eigentlich unser Geschäftsmodell aus? Welche Schlüsselfaktoren sind wichtig, um nicht nur technisch exzellent zu liefern, sondern auch profitabel zu wirtschaften?

Kapitel 9: Product Backlog – Anforderungen beschreiben und organisieren. Aus den Ideen müssen Anforderungen werden. Je besser der Arbeitsvorrat, desto einfacher die Umsetzung. Das Product Backlog ist eine lebendige Sammlung. Wie erheben und beschreiben wir Anforderungen? Wie bewerten und organisieren wir das Backlog?

Kapitel 10: Delivery – den Umsetzungsprozess begleiten. Die Umsetzung der Anforderung, also die Lieferung einer nutzbaren Lösung, steht im Zentrum der agilen Arbeitsweise. Damit der Lieferprozess gelingt, braucht das Team einen Rahmen aus Verantwortlichkeiten, Abläufen und Kommunikation.

Kapitel 11: Agile Planung – auf Sichtweite steuern. Schrittweise entwickelt sich das Produkt. Der Blick über den nächsten Lieferzyklus hinaus ist wichtig, um nicht über Abhängigkeiten zu stolpern oder in der Sackgasse zu landen. Wir brauchen belastbare Aussagen über Termin, Budget und Inhalte. Agile Planung – wie geht das?

Kapitel 12: Scrum & Co – Welche Methode passt zu uns? Welche Ansätze zur Planung und Steuerung stehen zur Verfügung? In diesem Kapitel gibt es einen Überblick der agilen Methodenlandschaft, es geht um Voraussetzungen und Herausforderungen. Damit die Umsetzung gelingt, brauchen wir einen Kompass, um uns an den Methoden zu orientieren.

Kapitel 13: Das agile Produktteam – schlank und flink. Ein Gewinnerteam fällt nicht vom Himmel. Agiles Arbeiten ist ein Teamsport. Es geht um Verantwortung und Begeisterung, es geht um Befugnisse und Disziplin. Bei alledem ist wichtig, die Mitarbeiter sich konsequent entwickeln zu lassen und die Organisation nicht zu überfordern.

Kapitel 14: Wie agil wollen wir sein? – das Zielbild klären. Die Arbeit am Produkt, die Arbeit an der Organisation ist niemals fertig. Ebenso gilt für die agile Arbeitsweise das Prinzip der kontinuierlichen Verbesserung. Doch es sollte ein Zielbild existieren, das den angestrebten Zustand für alle Beteiligten klar beschreibt.

Für wen ist dieses Buch?

Als Berater, Trainer und Coach habe ich viele Teams kennenlernen und begleiten dürfen. Mit diesem Buch möchte ich die Anregungen, Erfahrungen und Erkenntnisse weitergeben, die ich in Projekten und Workshops gesammelt habe. Dieses Buch richtet sich an:

Innovatoren, die das Neue willkommen heißen. Mit dem Wandel von Bedürfnissen eröffnen sich Chancen, technologische Innovationen treiben Veränderungen voran. Die Innovatoren lassen das Bestehende zurück, machen sich auf den Weg zu neuen Lösungen. Die Methoden und Vorgehensweisen dürfen dabei nicht im Wege stehen.

Handwerker, die schwierige Aufgaben mit einfachen Werkzeugen lösen wollen. Ein gutes Werkzeug unterscheidet den Profi vom Amateur und es erleichtert die Arbeit ungemein. Welche Methoden gibt es und welche passen zur Aufgabe? Die Werkzeuge, die wir auf dem Weg kennenlernen, sind allesamt einfach und schlank. Die Herausforderung liegt in der Anwendung.

Manager, die Kundenorientierung und Geschwindigkeit als Erfolgsfaktor verstehen. Die Konzeption, Umsetzung und Lieferung von Lösungen ist der Schlüssel für ein erfolgreiches Produktmanagement. Wie häufig und wie schnell gelingt die Lieferung? Wie gut ist die Passung zwischen Anforderung und Lösung? Wie sieht es mit der Profitabilität aus? Agiles Management organisiert das Liefern-Bewerten-Verbessern als kontinuierliches Experiment.

Wie können Sie das Buch lesen?

Die Kapitel bauen aufeinander auf, aber natürlich können Sie auch einfach stöbern und querlesen. Die Inhalte und Werkzeuge sind als Materialsammlung gestaltet, die Ihnen hoffentlich Antworten und Anregungen liefern. Das Buch wird ergänzt durch:

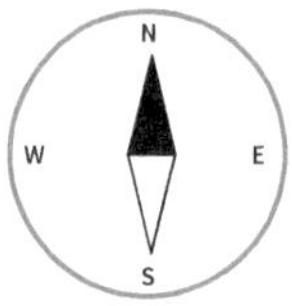

Ziele – Jedes Kapitel beginnt mit den Leitfragen. Sie erhalten zum Einstieg einen Überblick, was Sie lesen und lernen werden.

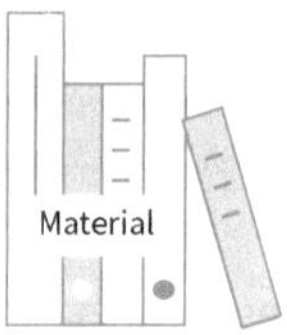

Materialien – Zu jedem Kapitel gibt es weiterführende Materialien zur Vertiefung und als Anregung sowie Hilfsmittel für die Umsetzung, online und offline.

Diskussion – einfach erklärt, aber eine Herausforderung in der Umsetzung. Damit es besser klappt mit dem Praxistransfer, finden Sie am Ende eines Themenabschnittes Arbeitsfragen, die Ihnen helfen, die nächsten Schritte zu starten.

Blog – Die Diskussion zum Thema »agile Produktentwicklung« ist lebendig. Im Onlineblog »Sprint Zero« werden fortlaufend neue Themen aufgegriffen und die Inhalte mit aktuellen Beispielen weiterentwickelt. Nehmen Sie an der Diskussion teil: www.c43p.de

Glossar – eine kompakte Liste aus Schlüsselbegriffen, Anglizismen und Konzepten zum Thema Produktmanagement. Das Glossar ist ein lebendiges Dokument und wird online weiterentwickelt. Feedback und Anregungen sind willkommen! Hier geht es zum Glossar: www.c43p.de

Also, Sie sind eingeladen auf eine Reise in die Rolle des agilen Produktmanagers. Viel Vergnügen und gutes Gelingen!

1 Wettbewerbsfaktor Lernen

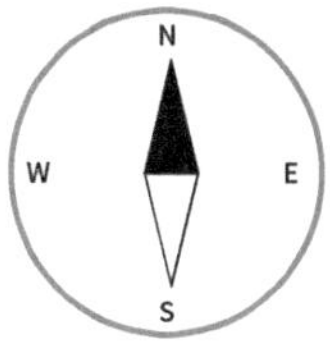

In einer Welt des Wandels ist Flexibilität und Anpassungsfähigkeit überlebenswichtig. Lernen wird zur Kernkompetenz. In diesem Kapitel geht es um das Produktmanagement als strategischer Erfolgsfaktor.

- Wie wettbewerbsfähig sind wir wirklich?
- Wie gut gelingen uns Innovationen?
- Was funktioniert gut, was eher nicht?

1.1 Ein Lagebericht

Deutschland ist Innovationschampion! Seit mehreren Jahren belegt die deutsche Volkswirtschaft zuverlässig Spitzenplätze bei der Frage zur Wettbewerbsfähigkeit und Innovationskraft. Der Bloomberg Innovation Index aus dem Jahr 2020 nennt als herausragende Stärken:

- intensive und effektive Innovationsarbeit, gemessen an der Anzahl von Patentanmeldungen,
- exzellente, regionale Technologie-Cluster aus Industrie und Wissenschaft,
- eine überragende Umsetzungskompetenz im Maschinen- und Anlagenbau.

Eine schmeichelhafte Einschätzung, ohne Frage. Jedoch, ein Blick hinter die Zahlenkulissen lässt Zweifel aufkommen. Klar ist, die fetten Jahre mit prall gefüllten Auftragsbüchern, stabil wachsenden Gewinnen und faktischer Vollbeschäftigung waren kein Zufall. Eine ganze Generation von Unternehmern, Ingenieuren und Experten hat ihre Chance genutzt und sich mit Weltklasseprodukten im globalen Wettbewerb behauptet. Doch eine erfolgreiche Vergangenheit ist keine Garantie für eine erfolgreiche Zukunft. Wie gut sind die Unternehmen aufgestellt für die Märkte von morgen?

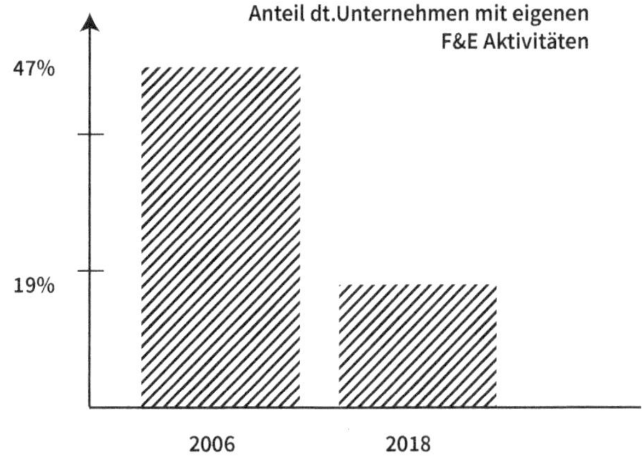

Abb. 1: Anteil F&E-Innovatoren

Die ernüchternde Einschätzung ist, die überragende Innovationskraft der deutschen Wirtschaft konzentriert sich weitgehend auf wenige Industrien und Märkte. Beispielsweise der überwiegende Anteil der Patentanmeldungen kommt aus dem Automobilsektor. Die Global Player haben die Herausforderungen der E-Mobilität und des autonomen Fahrens spät, aber entschlossen in Angriff genommen. Die hohen Investitionen und die regen F&E-Aktivitäten (Forschung & Entwicklung) sind ein deutliches Zeichen dafür, dass etablierte Produkte und Vorgehensweisen hinterfragt werden. Offen ist allerdings, ob diese Erkenntnis nicht zu spät kommt. Neue Spieler drängen kraftvoll in den Markt von morgen. Sie bringen Ideen und Technologien mit, die viele der altbewährten Wettbewerbsvorteile in Frage stellen. Ein Beispiel dafür:

Der Anteil der Softwarekomponenten an der Wertschöpfung steigt schnell und kräftig, gleichzeitig sinkt der Hardwareanteil am Wert des Produkts rapide. Das Auto der Zukunft ist eher Smartphone als Transportmittel. Viele der heute gelobten Kompetenzen im hardwarenahen Entwicklungsbereich werden in Zukunft weniger wichtig sein. Wie gut sind die deutschen Hersteller für den digitalen Wettbewerb von morgen aufgestellt?

Die rege F&E-Tätigkeit im Automobilsektor ist jedoch eine Ausnahme. Für die heimische Wirtschaft sieht das Bild deutlich anders aus. Immer weniger Unternehmen investieren in neue Produkte. In den Jahren 2006 bis 2018 ist der Anteil der deutschen Unternehmen, die Forschung und Entwicklung betreiben, um mehr als 50 % gesunken. Waren es 2006 noch 47 % der Unternehmen, sind es im Jahr 2018 nur noch 19 %, die in ihre Zukunft investieren. Diese langfristige Tendenz ist beunruhigend. Schließlich altern auch erfolgreiche Produkte schnell. Beispielsweile ersetzen digitale Unternehmen wie Google oder Apple ihre Produkte im Durchschnitt aktuell alle vier Jahre vollständig. Besonders alarmierend: Der deutsche Mittelstand droht den Anschluss zu verlieren. Der Anteil von Forschung und Entwicklung sinkt rapide mit der Unternehmensgröße. Je kleiner das Unternehmen, desto weniger investiert es in seine Zukunft.

Das Produktmanagement blickt auf den Markt von morgen. Versäumnisse oder blinde Flecken in der Produktentwicklung rächen sich häufig erst verzögert. Schwindende Marktanteile, sinkende Profitabilität sind nachlaufende Indikatoren und in der Regel zu spät. Die Suche nach neuen Produkten und Lösungen muss dem Geschäftsbetrieb vorauslaufen. Anderenfalls droht eine teure und schwierige Aufholjagd, die, so zeigt die Geschichte, häufig aussichtslos ist.

1.2 Wie kommt das Neue in die Welt?

Eine Maschine, die alles veränderte: Mit der Erfindung der Dampfmaschine in der Mitte des 19. Jahrhunderts machten sich die Menschen auf die Reise. Technische Innovationen hoben die Menschen aus Armut, Krankheit und Unwissenheit. Erst die Dampfmaschine, dann die Elektrifizierung, schließlich die digitale Technik. Seit mehr als 250 Jahren treiben Basisinnovationen den wirtschaftlichen und sozialen Wandel an. In der Rückschau ein Geschenk des Schicksals, eine Erfolgsgeschichte. Doch der Weg in die Gegenwart war gezeichnet durch Wettbewerb und Verdrängung. Die erbarmungslose und unaufhaltsame Kraft des Neuen, die das Alte ersetzt und das Langsame verdrängt.

Der Übergang von der Dampfkraft zum elektrischen Antrieb in den Jahren 1890 bis 1910 legte das Fundament für die moderne Massenproduktion. Die Stückzahlen der produzierten Güter stiegen sprunghaft an. Auf den Markt drängte eine Vielzahl von neuen Produkten. Mit dem technologischen Wandel kamen neue Unternehmer und ein gnadenloser Verdrängungswettbewerb begann. In den Jahren 1905 bis 1930 erlebte die US-amerikanische Wirtschaft eine der größten Wellen an Unternehmenspleiten und -schließungen, die jemals beobachtet wurden. Weniger als 40 % der Unternehmer überlebten den technischen Wandel. Die wenigen Unternehmen, die den Umstieg schafften, waren zu spät und zu langsam. Sie schrumpften deutlich, im Durchschnitt um ca. 30 %. Neue, andere Unternehmen eroberten die Märkte. Die nächste Generation von Unternehmern und Ingenieuren nutzte die technischen Möglichkeiten. Das Neue verdrängte das Alte.

Warum missglückte die Aufholjagd, warum scheiterten so viele erfahrene Unternehmer bei dem Umstieg auf die neue Technologie? Ein Blick in die Fertigungshallen um die Jahrhundertwende gibt einen Eindruck von den Herausforderungen. Viele Jahrhunderte lang waren die Produktionsstätten zentral um die Kraftquelle organisiert. Erst die Wasserkraft, später die Dampfmaschine, versorgte aus einer Quelle alle Maschinen. Je größer die Entfernung zur Energiequelle, desto weniger Kraft stand zur Verfügung. Folgerichtig wurden die Maschinen und Fertigungsschritte nach ihrem

Bedarf an Kraft positioniert. Direkt neben dem zentralen Antrieb standen die energiehungrigen Maschinen, manuelle Fertigungsschritte mit weniger Kraft waren weiter weg. Mit dieser Raumaufteilung waren viele Transportwege und Rüstzeiten zwischen den Arbeitsschritten notwendig. Eine Massenfertigung war daher aufwendig und teuer.

Mit der Elektrifizierung boten sich neue Möglichkeiten. Die Entfernung zur Energiequelle spielte keine Rolle mehr. Die elektrischen Antriebe waren kleiner und konnten dezentral verbaut werden. Damit ändert sich auch die Perspektive auf den Fertigungsprozess. Es stand nicht mehr der Antrieb im Zentrum, sondern die Arbeitsabläufe. Die Fertigung konnte konsequent am Ergebnis, am Produkt ausgerichtet werden. Die Auswirkung auf Produktionskosten und Geschwindigkeit war revolutionär. Der Weg für neue Produkte zu geringeren Kosten und mit größeren Stückzahlen war frei.

Heute scheint es schwer vorstellbar, dass die Vorteile der Elektrifizierung nicht offensichtlich und zweifellos erschienen. Warum brauchte es mehr als 20 Jahre, bis die Vorteile der neuen Technologie sich durchsetzten? Warum reagierten die Betriebe zu spät und zu langsam?

In der Rückschau zeigt sich, dass die Transformation eher nicht an der Investitionsbereitschaft der Unternehmen scheiterte. Entscheidend war vielmehr die Bereitschaft, sich auf das Neue einzulassen und alte Vorgehensweisen und Produkte zurückzulassen. Mit der Verbreitung des elektrischen Antriebs sanken die Anschaffungskosten deutlich. Immer mehr Unternehmen investierten in moderne Elektromotoren. Doch der Umstieg auf die neue Technologie erfolgte häufig nur halbherzig. Viele etablierte Unternehmen ersetzten den alten Dampfantrieb in der Mitte der Produktionshalle einfach mit einem neuen, elektrischen Antrieb. Auf diese Weise erneuerten sie die Technologie, doch die Abläufe und der Fertigungsprozess blieben unverändert. Die neue Technologie verschenkte ihr Potenzial – die Produktionskosten blieben hoch und die Abläufe kompliziert. Die Dampfmaschine verschwand, der Produktionsprozess blieb. Erst eine neue Generation von Unternehmern erkannte das Potenzial der neuen Technologie.

!

Warum Unternehmen am Wandel scheiter(te)n

Die Start-ups zu Beginn des 20. Jahrhunderts hielten nicht an den überholten Abläufen fest. Sie begannen, die Maschinenhalle umzugestalten, Arbeitswege zu verkürzen und Abläufe zu optimieren. Indem sie mit den Möglichkeiten des dezentralen Elektroantriebs experimentierten, schafften sie Raum für Produkt- und Prozessinnovationen. Die etablierten Unternehmen scheiterten nicht, weil sie zu wenig investierten. Sie scheiterten, weil sie dem Neuen zu spät Raum gaben und zu lange am Alten festhielten.

Was lässt sich aus der Geschichte lernen? Nicht jeder Hype wird als revolutionäre Basistechnologie die Wirtschaft umkrempeln. Doch die Digitalisierung, die ökologische Transformation und auch der demografische Wandel haben definitiv das Potenzial dazu. Mächtige, tiefgreifende Trends, die umfassend und ausdauernd unser Leben verändern. Die Erfahrungen aus vergangenen, disruptiven Veränderungen zeigen deutlich: Hohe Investitionen allein reichen nicht aus. Die Schnellen fressen die Langsamen, die Mutigen die Ängstlichen. Die Bereitschaft zum Wandel muss zusammentreffen mit Fähigkeiten und Werkzeugen. Das Wollen braucht Wissen und Können.

In dem Bestseller »The Second Machine Age« aus dem Jahr 2014 vermessen die beiden Ökonomen Erik Brynjolfsson und Andrew McAfee die Auswirkungen der Digitalisierung. Ihre Schlussfolgerung: Die heute sichtbaren Anwendungen sind erst der Anfang. Niemand kann den Verlauf der technologischen Entwicklung vorhersagen. Doch die Basistechnologie – Digitalisierung – ist eine Initialzündung mit explosiven Auswirkungen. Der Grund für dieses disruptive, monströse Potenzial? Nicht nur die Leistungsfähigkeit der technischen Komponenten entwickelt sich explosionsartig, exponentiell. In der Zusammenarbeit von Mensch und Maschine, in der Kombination von Rechenkraft und Kreativität wirken die technischen Impulse selbstverstärkend und beschleunigend. Diese Prognose ist kein Anlass zur Gelassenheit, im Gegenteil. *Bounty and Spread*, so nennen die beiden Autoren die möglichen Entwicklungslinien des digitalen Wandels. *Bounty* – eine Welt der überquellenden Möglichkeiten. Die Technologie als Sprungbrett, um Wohlstand, Gesundheit, Bildung zu mehren. Brynjolfsson und McAfee sind Optimisten, aber nicht naiv. Die technologische Entwicklung hat eine Schattenseite: *Spread* beschreibt diesen dunklen Entwicklungspfad, auf dem wachsende Ungleichheit, zunehmende Kontrolle und Ausgrenzung liegen. Die beiden Autoren wagen keine Prognose, in welche Richtung die Zukunft sich entwickelt. Die Zukunft liegt in unserer Hand. Um die Entwicklung zu gestalten, braucht es Innovatoren und Pioniere, damit aus den Chancen Ideen werden. Es braucht Produktentwickler und Unternehmer, um die Möglichkeiten in Lösungen zu übersetzen.

1.3 Wo stehen wir heute?

Eine Standortbestimmung ist notwendig. Mit dem Wandel von Technologie, Wettbewerb und Gesellschaft ergeben sich neue Herausforderungen. Doch die Diskussion von Megatrends reicht nicht aus. Für das Produktmanagement ist es notwendig, die konkreten Auswirkungen für die Kunden und das Produkt zu vermessen und zu übersetzen. Es geht um Stärken und Schwächen und natürlich um Herausforderungen und Chancen.

5-FORCES-FRAMEWORK

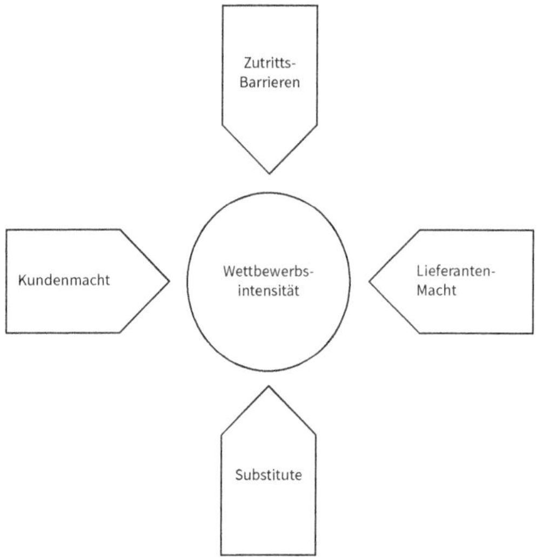

Abb. 2: Porters 5-Forces

Das 5-Forces Framework von Michael Porter bietet einen einfachen, bewährten Rahmen, um die Struktur und die Dynamik einer Wettbewerbssituation zu analysieren. Die fünf Perspektiven helfen dabei, die aktuelle Positionierung eines Produkts im Markt zu verstehen und die Attraktivität des Geschäftsmodells einzuordnen.

Wettbewerbsintensität

Wie stark ist der Wettbewerb im relevanten Markt? Indikatoren hierfür sind Profitabilität und Innovationsdruck. Geringe Gewinnmargen, häufige Preisanpassungen, auch der Takt, mit dem neue Produkte und Services in den Markt drängen, deuten auf einen intensiven Wettbewerb.

Kundenmacht

Wie stark sind die Kunden? Welchen Einfluss haben sie auf Preise und Produktgestaltung? Wenige große Kunden sind in der Regel mächtiger als viele kleine. Die Kundenmacht kann auch durch gesetzliche Vorgaben oder Interessengruppen ausgeübt werden. Wie reagieren Kunden auf veränderte Preise und Angebote? Eine hohe Kundenbindung und wenig Wechselbereitschaft sind Zeichen für einen Anbietermarkt mit geringer Kundenmacht.

Lieferantenmacht

Wie abhängig sind wir von unseren Lieferanten? Sind Vorprodukte oder Dienstleistungen austauschbar? Wenn ja, zu welchen Kosten und in welcher Geschwindigkeit? Wie eng ist die Zusammenarbeit bei der Entwicklung und Produktion? Gibt es Wissen, Technologien oder Kapazitäten, die uns an den Lieferanten binden? Eine hohe Marktmacht der Lieferanten zeigt sich in den ungleichen Gewinnen. Gelingt es dem Lieferanten, den Gewinn seiner Abnehmer am Endprodukt abzuschöpfen?

Marktzutrittsbarrieren

Wie offen ist der Markt für neue Konkurrenten? Gibt es Zugangsbarrieren wie Lizenzen, Genehmigungen oder Fachwissen und Produktionsmittel, die einen Einstieg teuer und schwierig machen? Je attraktiver der Markt, desto größer der Anreiz für neue Anbieter einzutreten. Ein Indikator für hohe Zugangsbeschränkungen sind überdurchschnittliche, nachhaltige Gewinne der etablierten Anbieter.

Substitute

Gibt es Alternativen zum Produktangebot? Kann das Bedürfnis auf andere Weise befriedigt, das Problem anders gelöst werden? Existierende Substitute begrenzen die Marktmacht des Anbieters. Der Kunde kann wechseln. Unbekannte Substitute erhöhen das Risiko für den etablierten Anbieter. Ein sichtbares Zeichen dafür sind Aufwände für Forschung und Entwicklung.

Die Wettbewerbsanalyse liefert einen Rahmen, um die aktuelle Situation besser zu verstehen und einen Ausblick zu wagen. Die Frage nach den relevanten Akteuren, den Technologietrends und natürlich auch den Mitbewerbern beleuchtet die aktuelle Situation und hilft dabei, die möglichen zukünftigen Entwicklungen zu diskutieren.

Die Auswirkung des technologischen Wandels, die Herausforderungen der Digitalisierung, die gesellschaftlichen Rückkoppelungen entwickeln sich rasant. Im Blog »Sprint Zero« geht die Diskussion weiter mit Beispielen und aktuellen Entwicklungen. www.c43p.de

Die Analyse der aktuellen Situation ist der erste Schritt. Im zweiten Schritt geht es um die Frage: Was bedeutet das für uns? Welche Auswirkungen erwarten wir?

Eine Übersetzung der gegenwärtigen Stärken und Schwächen in zukünftige Chancen und Bedrohungen ist keine einfache Aufgabe. Hilfreich dabei ist es, viele unterschiedliche Perspektiven einzubringen und zu nutzen.

- Welche Auswirkungen erwarten wir auf den Wettbewerb und die Konkurrenz?
- Was bedeuten die Entwicklungen für unsere Kunden – die Kunden von heute und die Kunden von morgen?
- Was macht das mit unserem Produkt – den funktionalen Eigenschaften, aber auch dem Preis, der Vermarktung, den Services?
- Welche Veränderungen erwarten wir für die Art und Weise, in der wir zusammenarbeiten? Welche Arbeitsschritte werden sich verändern? Was wird wichtiger, was eher nicht?

- Was bedeutet das für unsere Technologien – in der Entwicklung, in der Produktion und im Service? Was muss ersetzt, was bewahrt werden?
- Was müssen wir lernen, um die Zukunft zu gestalten? Welche Fähigkeiten und Erfahrungen wollen wir bewahren und ausbauen und welche nicht?

In diesem Kapitel ging es um die strategische Ausgangsposition. Bevor wir im nächsten Kapitel über die Rolle des Produktmanagers sprechen, sollte die Ausgangslage geklärt sein.

ARBEITSMATERIALIEN

- Welche strategische Bedeutung hat das Produktmanagement für das Unternehmen? Diskutieren Sie die Wettbewerbssituation und klären Sie die Prioritäten.
- Was ist die Ausgangslage für die Arbeit am Produkt und am Portfolio? Klären Sie Stärken, Schwächen und stellen Sie ein gemeinsames Verständnis über Chancen und Herausforderungen sicher.

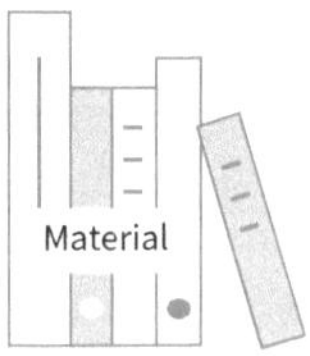

- Bloomberg Innovation Index 2020: https://www.bloomberg.com/news/articles/2020-01-18/germany-breaks-korea-s-six-year-streak-as-most-innovative-nation?sref=v7EK4jrk
- KfW-Innovationsbericht Mittelstand 2019: https://www.kfw.de/KfW-Konzern/Service/Download-Center/Konzernthemen/Research/KfW-Innovationsbericht/
- The Second Machine Age: Wie die nächste digitale Revolution unser aller Leben verändern wird. Erik Brynjolfsson; Andrew McAfee (2014)
- Why didn't electricity immediately change manufacturing? https://www.bbc.com/news/business-40673694

2 Produktverantwortung übernehmen – auf dem Weg zum perfekten Product Owner

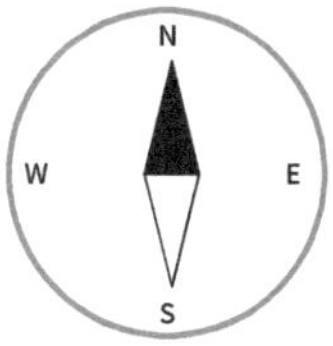

Produktverantwortung ist Geschäftsverantwortung. In diesem Kapitel geht es um die Rolle des Product Owners.

- Welche Aufgaben und Fähigkeiten sind wichtig, um das Produkt zu gestalten?
- Was unterscheidet den Produktmanager vom Product Owner?
- Welche Maßnahmen sind notwendig, um die Produktorganisation aufzubauen?

2.1 Das Produkt steht im Zentrum

»Für uns sind die Product Owner die wichtigsten Mitarbeiter«, so die Rückmeldung einer HR-Managerin aus einem erfolgreichen deutschen Start-up. Auf der Suche nach dem *perfekten* Product Owner führte ich vor einigen Jahren eine Befragung in verschiedenen Unternehmen durch. Meinen Ansprechpartnern – Personalmanager, Produktverantwortliche und Teammitglieder – stellte ich die Frage: Was machen die Produktverantwortlichen in Ihrer Organisation?

Schnell wurde klar, dass es den perfekten Product Owner nicht gibt. Doch abseits all der Unterschiede in Kundenanforderungen, Technologien und Organisationskulturen – gemeinsam ist der Anspruch, mit dem Produkt auch Verantwortung für den unternehmerischen Erfolg zu übernehmen.

Mission

„Die Verantwortung für den Erfolg des Produktes liegt bei mir. Mein Ziel ist es, das bestmögliche Produkt für unsere Kunden zu liefern. Nur so können wir dauerhaft erfolgreich sein.

Ich verantworte die Produktstrategie und stelle sicher, dass das Team dieses Zielbild kennt und unterstützt.

Ich bin Unternehmer. Mit einer überzeugenden Vision gestalte ich die Kundenbeziehung, mit klaren Prioritäten führe ich die Mannschaft. Ich unterstütze das Team dabei, Verantwortung zu übernehmen, ich vertraue ihnen bei der Umsetzung. Dafür organisiere ich die Arbeitsmittel und gebe Spielraum für Innovation und Kreativität.

Das Produkt begleite ich dauerhaft – von der Idee, über die Entwicklung in Produktion und Betrieb. Die hierfür notwendigen Befugnisse hole ich mir, die hierfür benötigten Fähigkeiten erlerne ich."

Abb. 3: Product Owner Mission

2.2 Produktmanager und Product Owner

Auf den ersten Blick haben Produktmanager in einem Großkonzern und Product Owner in einem Start-up wenig gemeinsam. Die Rolle des Produktmanagers ist in vielen Unternehmen auf den Markt und den Kunden ausgerichtet. Es überwiegen die Aufgaben aus dem Produktmarketing und der Produktpflege. Im Unterschied hierzu ist die Rolle des Product Owners in der Produktentwicklung zu Hause. Anforderungen übersetzen, die Lieferprozesse steuern, das Produkt in den Betrieb bringen, dies sind typische Aufgaben des Product Owners.

Die Abgrenzung der beiden Aufgaben ist nicht lupenrein. Unternehmen, die Produktentwicklung als strategische Kernkompetenz verstehen, stoßen schnell auf Probleme, wenn die Aufgaben auf unterschiedliche Rollen verteilt werden. In der Abstimmung zwischen Produktmanager und Product Owner, also bei der Übersetzung des Kundenproblems in Anforderungen, entstehen leicht Missverständnisse. Bei der

Priorisierung der Inhalte sind Konflikte nicht zu vermeiden. Die Empfehlung ist klar: Außensicht und Innensicht gehören zusammen und alles wird leichter, wenn die Verantwortung in einer Rolle gebündelt ist. Der Impuls aus dem Kundenfeedback wirkt so direkter und schneller auf das Produkt und die Weiterentwicklung.

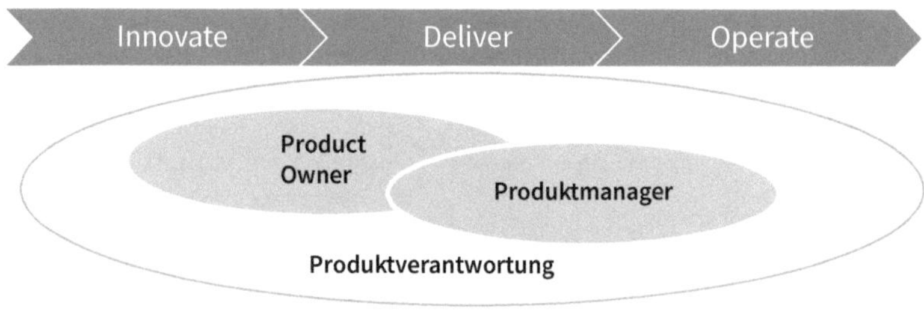

Abb. 4: Product Owner und Produktmanager

Da in der Arbeitspraxis die Rollen des Produktmanagers und des Product Owners häufig nicht klar voneinander abgegrenzt sind, ist es sinnvoll, die Perspektive zu klären. In diesem Buch betrachten wir die Aufgabe des Produktmanagements. Die beiden Perspektiven, also Außensicht und Innensicht, gehören zusammen. Den Begriff »Product Owner« verwende ich, um die Aufgaben in der Innovations- und Umsetzungsphase herauszuheben. Es geht um die kreative Gestaltung des Innovationsprozesses. Der Product Owner ist Teil des Lieferteams und verantwortet die Anforderungen. Den Begriff »Produktmanager« verwende ich, um die Geschäftsverantwortung und die mit der Steuerung des Produktlebenszyklus verbundenen Managementaufgaben zu verdeutlichen.

Klar ist, die Rollenbezeichnungen dürfen nicht den Blick verstellen – es geht um die Verantwortung für ein innovatives, erfolgreiches Produkt.

2.3 Ein Tag im Leben …

Als Trainer und Coach treffe ich viele Teams und Produktverantwortliche. Die Menschen sind mindestens so vielfältig wie die Produkte, die sie bewegen. In vielen Workshops und Gesprächen haben sich für mich drei Perspektiven herauskristallisiert. Jede Perspektive steht für ein Bündel aus ähnlichen Herausforderungen.

EIN TAG IM LEBEN ...

Der Gründer Nick ist Gründer eines Start-ups, das sich zum Ziel gesetzt hat, das Leben von Geschäftsreisenden zu erleichtern. Im ersten Schritt geht es um die Wäsche – genauer das Waschen, Bügeln, Falten. Das Start-up hat hierfür einen Hol- und Bringservice organisiert. Das Geschäft ist noch sehr klein, die Mannschaft jung und die Ambitionen groß.	Ich bin oft sehr früh im Büro. Am Morgen haben wir viele Kundenkontakte – die Leute melden sich vor der Arbeit und wollen ihre Bestellungen aufgeben. Da bin ich mit dabei. Wir sind nur ein kleines Team, jeder fasst mit an. Für mich ist es sehr wichtig, im direkten Gespräch mit unseren Kunden zu sein. Ich muss verstehen, was funktioniert und was nicht. So kann ich Bedürfnisse heraushören und unser Angebot im wirklichen Leben vertreten. Wir stehen noch am Anfang. Wir entwickeln das Geschäft. Wir wollen wachsen.
Der Manager Stefan ist Produktmanager in einem mittelständischen Unternehmen. Das Unternehmen ist seit vielen Jahren in einer attraktiven Nische erfolgreich – es entwickelt und produziert Sensoren für industrielle Druckluftsysteme. Die Komponenten werden in großtechnische Anlagen integriert und liefern in Echtzeit Daten für die Anlagensteuerung. Das Unternehmen betreut mit etwa 400 Mitarbeitern eine internationale Kundschaft. Die Komponenten werden in Eigenfertigung produziert und im Betrieb durch den Service unterstützt.	Jeden Mittwoch habe ich meinen Termin mit der Geschäftsführung. Wir reden über das aktuelle Geschäft, also Kundenanfragen und Umsetzungsprojekte. Leider bleibt viel zu selten Zeit, über die Weiterentwicklung zu sprechen. Unser aktuelles Produkt läuft gut, sehr gut. Jedoch ist es nun schon ein paar Jahre alt. Am Markt haben sich ein paar Konkurrenten aufgemacht, das Thema Digitalisierung und Industrie 4.0. anzugehen. Wir sind da hintenan. Als Produktmanager brauche ich mehr Spielraum für die nächste Produktgeneration. Es geht nicht nur um finanzielle Ressourcen, ich brauche ein Innovationsteam, das mich dabei unterstützt. Wir wollen unsere starke Marktposition verteidigen. Dafür brauchen wir einen Innovationsschub.

Die Innovatorin Klara arbeitet in einem DAX-Konzern und ist vor Kurzem aus dem Marketingbereich in die Produktentwicklung gewechselt. Das Unternehmen hat eine umfangreiche, agile Transformation gestartet und viele Mitarbeiter sind auf neu geschaffene Positionen gewechselt. Als Product Ownerin ist Klara nun Teil des Produktmanagements, sie verantwortet die Entwicklung und Markteinführung. Ihr steht ein agiles Entwicklungsteam zur Seite.	Jeden Morgen um 9:30 treffe ich meine Teamkollegen zum Daily. Wir haben einen schönen Teamraum bekommen. Dort kommen wir zusammen und stimmen den Arbeitsstand ab. Wir müssen gemeinsam viel lernen, die Kollegen sind durchweg jung, sehr jung. Sie kennen sich perfekt mit der Technologie und den sozialen Medien aus. Aber unser Produkt und die Abläufe in einem großen Konzern sind ihnen fremd. Häufig dreht es sich in diesen Gesprächen um meine Anforderungen und Wünsche. Ich muss viele fachliche Fragen klären und Anforderungen für die Umsetzung priorisieren. Dazu arbeite ich mit User Stories und Product Roadmaps. Mir hilft dabei mein Marketingblick – ich kann aus der Kundenperspektive argumentieren. Wir wollen eine agile Organisation werden. Ich möchte Produktverantwortung übernehmen.

Die drei Perspektiven unterscheiden sich in ihren Herausforderungen und Rahmenbedingungen. Die Aufgaben des agilen Produktmanagements sind jedoch gar nicht so verschieden.

2.4 Aufgaben und Fähigkeiten

Produktverantwortung umfasst ein breites Spektrum von Aufgaben. Nicht alles braucht es von Anfang an, nicht jede Fähigkeit ist im gleichen Umfang notwendig. Welche Aufgaben und Fähigkeiten sind wichtig, um als Product Owner zu wirken?

- **Produktstrategie verantworten**: Warum brauchen wir das Produkt? Die Strategie ist eine lebendige, dynamische Antwort auf die Frage: Was wollen wir erreichen? Eine gute Produktstrategie überzeugt und ist verständlich, eine erfolgreiche Strategie ist ambitioniert und realistisch. Wo kommt die Strategie her? Eher nicht aus der stillen Kammer. Aus der Diskussion erwächst und entwickelt sich die Produktvision.
- **Kundenbeziehungen aufbauen**: Erfolgreiche Produkte liefern eine Lösung auf ein Problem, stillen ein Bedürfnis. Erst im Kontakt mit dem Kunden, erst durch das Feedback am Markt zeigt sich, ob die Idee gut ist, ob die Lösung trägt. Schrittweise wächst die Beziehung mit dem Kunden und das Produkt positioniert sich am Markt. Je näher der Product Owner am Kunden ist, desto besser. Produktverantwortung ist Kontaktsport.

- **Anforderungen managen**: Was wollen wir umsetzen? Ohne eine transparente Sicht auf die Anforderungen droht die Umsetzung zu scheitern. Anforderungen müssen identifiziert, beschrieben und nachverfolgt werden. Was ist wichtig, was kann warten? Die Priorisierung der Anforderungen ist entscheidend, damit die Umsetzung realistisch geplant und zuverlässig erfolgen kann.
- **Produkt entwickeln**: Damit die Umsetzung klappt, müssen fachliche Anforderungen, technische Abhängigkeiten oder auch regulatorische Vorgaben durchdacht werden. Die Planung der Lieferpakete, die Steuerung des Umsetzungsprozesses gehören dazu. Anderenfalls droht die Balance zwischen kreativer Innovation und zuverlässiger Lieferung zu scheitern.
- **Geschäftsmodell entwickeln**: Eine gute Idee ist erst der Anfang. Lohnt sie sich auch? Ein überzeugendes, tragfähiges Geschäftsmodell ist notwendig, um Investitionen zu rechtfertigen und die Profitabilität sicherzustellen. Das Geschäftsmodell hat viel mit Zahlen und Prognosen zu tun. Wie passen Bedürfnisse und Lösung zusammen, wie verhält es sich mit Kosten und Nutzen? Ein Tabellenblatt reicht nicht aus. Der Produktmanager benötigt ein überzeugendes Konzept, das Kunden gewinnt und bindet.
- **Team führen**: Product Owner sind Überzeugungstäter. Der Funke springt auf das Team über und die Mannschaft hat ein gemeinsames Ziel, die *Product Vision*. Damit die Umsetzung gelingt, müssen Befugnisse verteilt und Fähigkeiten entwickelt werden. Der Product Owner ist Teamspieler und Coach zugleich. Verantwortung wird geteilt, Freiräume sichergestellt und Leistung gefordert. Offenheit und Respekt legen das Fundament für eine vertrauensvolle Zusammenarbeit.
- **Stakeholder managen**: Agiles Produktmanagement lebt vom frühen und häufigen Feedback. Der Produktmanager braucht eine Resonanzfläche – im Markt und in der Organisation. Welche Personen und Akteure aus welchen Bereichen und Abteilungen müssen eingebunden werden? Welche dieser Stakeholder sind wichtig? Wie werden Informationen verteilt und Beteiligung sichergestellt? Wer, was, wie, wann und warum – die Leitfragen der internen wie der Außenkommunikation.
- **Prozesse steuern**: Wie gelingt die Balance von Qualität, Geschwindigkeit und Effizienz? Ein guter Ablauf gibt die Leitplanken für die Steuerung und das Wachstum. Der Prozess gliedert die Arbeitsphasen und schafft Transparenz. Klappt die Lieferung zuverlässig und effizient? Wie sieht es mit der Qualität aus und was sagt der Kunde zu den Ergebnissen? Der Prozess erfordert Aufmerksamkeit und kontinuierliche Steuerung. Der Produktmanager gestaltet und entwickelt die notwendigen Prozesse.
- **Portfolio gestalten**: Wie gelingt es, nachhaltig erfolgreich zu bleiben? Ein kontinuierlicher Strom aus Innovationen und Produktverbesserungen ist ein Merkmal erfolgreicher Produktentwicklung. Eine gute Balance von reifen Produkten im Markt und innovativen Kandidaten in der Entwicklung ist das Ziel der Portfoliosteuerung.

Die große Vielfalt der Aufgaben ist eine Chance – der Produktmanager wächst mit dem Produkt. Die Themen entwickeln sich und die Produktverantwortung wird zum beruflichen Entwicklungspfad. Wo stehe ich auf dem Weg mit meinen Fähigkeiten und Erfahrungen? Eine Standortbestimmung hilft dabei, Schwerpunkte in der eigenen Entwicklung zu setzen und an den Aufgaben zu wachsen.

VOM KENNER ZUM EXPERTEN

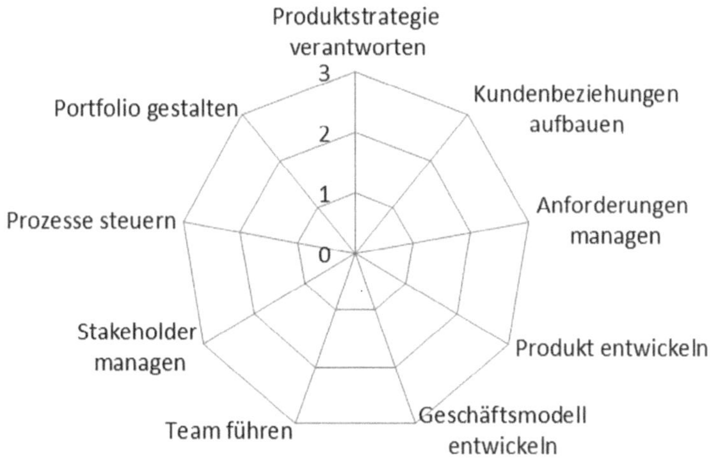

0 – Anfänger: Ich stehe am Anfang. Die Aufgaben habe ich bisher nicht ausgeführt und ich kenne die Methoden und Ansätze nicht.

1 – Kenner: Ich bin gestartet. Die Befugnisse habe ich, aber bei den Aufgaben übe ich noch, ich kenne die Methoden und Ansätze nur theoretisch.

2 – Könner: Ich bin erfahren und fülle die Rolle aus. Ich habe meine Arbeit organisiert und die Methoden und Ansätze für mich angepasst.

3 – Experte: Ich bin Experte. Die Kollegen suchen meinen Rat und ich kann aus einem umfangreichen Erfahrungsschatz schöpfen. Die Methoden und Ansätze kann ich vermitteln und für unterschiedliche Szenarien gezielt zusammenstellen.

2.5 Ein Ausdauersport

Produktverantwortung ist ein Ausdauersport. Nicht nur das Produkt entwickelt sich voran, auch das Profil aus Aufgaben, Befugnissen und Fähigkeiten verändert sich. Wie wachsen Produktverantwortliche in diese Aufgaben hinein? Der Karrierepfad ist selten exakt definiert. Doch es lassen sich Muster beschreiben, die in den Organisationen zunehmend als Entwicklungspfad für die persönliche Karriere bereitstehen. Dabei ist das Leitbild der Entwicklung klar: Produktverantwortung ist Geschäftsverantwortung. Die Entwicklung dorthin stellt für viele Produktmanager eine aufeinander aufbauende Abfolge von Aufgaben und Verantwortlichkeiten dar – ein Wachstumsprozess.

AUF DEM WEG ZUR GESCHÄFTSVERANTWORTUNG

Business Analyst Ich bin Anforderungsmanager – in der englischen Version Business Analyst. Ich unterstütze meine Kollegen dabei, die Anforderungen zu sammeln und zu beschreiben. In den Kundenworkshops höre ich gut zu und schreibe mit. Viel Zeit verbringe ich mit der Dokumentation von User Stories (Anforderungen aus Nutzersicht). Für die Kollegen im Entwicklungsteam bin ich der Ansprechpartner, wenn Fragen zu den Anforderungen auftauchen. Häufig werde ich auch für das Testen eingesetzt, die fachlichen Fehler finde ich am schnellsten.

Business Partner Ich vertrete das Produkt. Das bedeutet, ich muss Projektanträge vorbereiten, Anforderungen bewerten und die Abnahme für den Fachbereich vorbereiten. Um Abhängigkeiten zu erkennen und Lieferpakete zu definieren, brauche ich einen tiefen Einblick in das Produkt. Das gelingt nur, wenn ich die Anwender kenne und mit ihnen reden kann. Innerhalb unserer Organisation stehe ich für das Produkt, d. h., ich verantworte Abnahmen und bin Schnittstelle zwischen Anwendern und Entwicklung.

Sponsor	Der Kundenkontakt läuft über mich. Ich präsentiere das Produkt bei Kunden und auf Messen und stehe für Rückfragen zur Verfügung. Das Neukundengeschäft ebenso wie die Betreuung der Bestandskunden ist meine Verantwortung. Dafür brauche ich volle Unterstützung aus den Teams, aber ich brauche auch die Möglichkeit, Prioritäten zu setzen und ggf. Pläne umzuwerfen, wenn der Kunde drängelt oder die Konkurrenz an uns vorbeiziehen will.
Product Owner	Es ist mein Produkt. Ich verantworte die Profitabilität und bin Unternehmer. Die strategische Steuerung liegt bei mir. Gemeinsam mit meinen Kollegen organisiere ich das Produkt. Ich steuere das Portfolio aus Bestand und Neuentwicklung. Dabei muss ich nicht nur den Gewinn im Auge behalten, sondern auch das Geschäft von morgen. Nach außen und innen bin ich die Gallionsfigur für das Produkt.

2.6 Die ersten 100 Tage - ein Fahrplan

Der 100-Tage-Fahrplan gibt einen Überblick über die Ziele, Aufgaben und Werkzeuge. Eine Anregung, sich zu konzentrieren und den Blick frei zu bekommen für die eigentliche Herausforderung: das Produkt. Der Fahrplan ist zugleich die Gliederung für die folgenden Kapitel - auf dem Weg zum perfekten Product Owner!

Die Abfolge der Arbeitsschritte lässt sich nicht exakt abgrenzen. Einige Aufgaben starten früh und entwickeln sich schrittweise. Andere benötigen bestimmte Voraussetzungen, um gestartet zu werden oder müssen zyklisch, wiederkehrend durchgeführt werden. Der Fahrplan benennt Schwerpunkte und skizziert einen möglichen Ablauf. Die folgenden Kapitel greifen die Aufgaben und Werkzeuge auf und erläutern die Umsetzung im Detail.

	Arbeitsfähigkeit sicherstellen	Produkt identifizieren	Produkt liefern	Produktorganisation entwickeln
Ziele	Die strategische Positionierung ist geklärt Die operativen Voraussetzungen sind sichergestellt	Kandidaten sind definiert und bewertet Umsetzungsentscheidung ist vorbereitet	Produkt ist verfügbar. Umsetzungsplan liegt vor	Produkt-Team etabliert Lieferprozess stabil und leistungsfähig
Aufgaben	Produktstrategie definieren und abstimmen Produktportfolio ermitteln und bewerten Produktverantwortung klären und übernehmen Vorgehensweise festlegen	Kundenbedürfnisse identifizieren und verstehen Lösungskonzepte entwickeln und validieren Geschäftsmodell skizzieren und bewerten Produkt Vision formulieren und abstimmen	Anforderungen erheben und organsieren Lieferfähigkeit sicherstellen Umsetzungsplan entwickeln	Team entwickeln Aufgaben definieren Lieferprozess optimieren Produktorganisation skalieren
Werkzeuge	5-Forces Framework SWOT Analyse Portfoliomap Lean Product LifeCyle	Product Vision Personas, Customer Journey; User Stories Minimum Viable Product Business Modell Canvas	Product Backog Release Plan Product Roadmap Scrum, Kanban & Co	Agile Prinzipen Lean Development Prinzipien Scaling Agile
Kapitel	Kapitel 1, 2, 3 und 4	Kapitel 5, 6, 7 und 8	Kapitel 9, 10, 11 und 12	Kapitel 13 und 14

Abb. 5: Produktverantwortung übernehmen – der 100-Tage-Fahrplan

ARBEITSMATERIALIEN

- Was gehört zu Ihren Aufgaben in der Produktverantwortung?
- Wo stehen Sie auf dem Weg zum perfekten Product Owner? Kennen Sie Ihre Stärken und Schwächen? Haben Sie einen Entwicklungsplan für Ihre Karriere als Produktverantwortlicher?
- Welche Maßnahmen stehen in den nächsten 100 Tagen an?

Die Übernahme der Produktverantwortung ist eine Herausforderung. Die Übernahme der Produktverantwortung ist eine Herausforderung. Im Blog »Sprint Zero« geht die Diskussion weiter mit Beispielen und aktuellen Entwicklungen.
www.c43p.de

3 Agiles Management – Erfolgsfaktor Geschwindigkeit

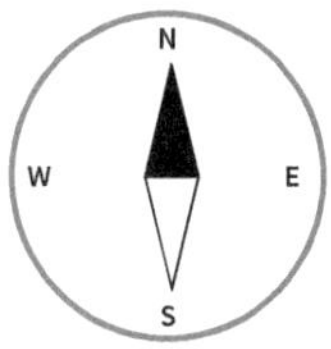

Agilität lässt sich als kontinuierliches Experiment verstehen, es geht um das Lernen und Verbessern durch häufiges Liefern. Agiles Management liefert hierfür Prinzipien, Werte und Werkzeuge.

- Was ist agiles Management?
- Warum ist agiles Management wichtig?
- Lässt sich Agilität messen?
- Wie startet agile Produktentwicklung?

Agiles Management ist eine Antwort auf eine Welt im Wandel. Die Wucht der Digitalisierung, die Dringlichkeit der ökologischen Transformation, soziale und politische Umbrüche gehen nicht spurlos an den Unternehmen und ihren Produkten vorbei. Im Gegenteil, die Fähigkeit mit diesen Veränderungen umzugehen und Chancen zu nutzen, ist entscheidend, um erfolgreich zu bleiben. Flexibilität, Kreativität und Lernbereitschaft sind die Schlüsselkompetenzen, um die Dynamik und Komplexität zu meistern. Agilität ist eine Antwort auf eine VUKA-Welt.

VUKA – EINE WELT IM WANDEL

Volatil	Veränderungen sind umfassend, abrupt, häufig.
Unsicher	Vorhersagbarkeit ist gering und schwierig.
Komplex	Es gibt viele Abhängigkeiten und Einflussfaktoren.
Ambivalent	Mehrdeutige, unklare Entwicklungen, Chancen und Bedrohungen liegen nahe beieinander.

Wie gehen Teams, wie gehen Organisationen mit dem Wandel um? Die Fähigkeit, Veränderungen als Chance zu nutzen und das Neue im Unbekannten zu finden, ist entscheidend.

Agiles Management ist eine Antwort auf komplexe und dynamische Herausforderungen. Die Arbeitsweise lässt sich als kontinuierliches Experiment verstehen, also eine fortlaufende Folge von Umsetzen-Bewerten-Verbessern. Der Vorteil dabei, das frühe und häufige Liefern erleichtert das Lernen und Verbessern. Mit jedem Lieferschritt ergibt sich die Chance, Rückmeldungen einzuholen und besser zu werden. Im Dialog mit dem Nutzer zeigt sich, ob die Lösung einen Mehrwert liefert und für die Weiterentwicklung taugt. Im Unterschied zu herkömmlichen Vorgehensweise werden agile Teams sehr schnell merken, ob die Richtung stimmt.

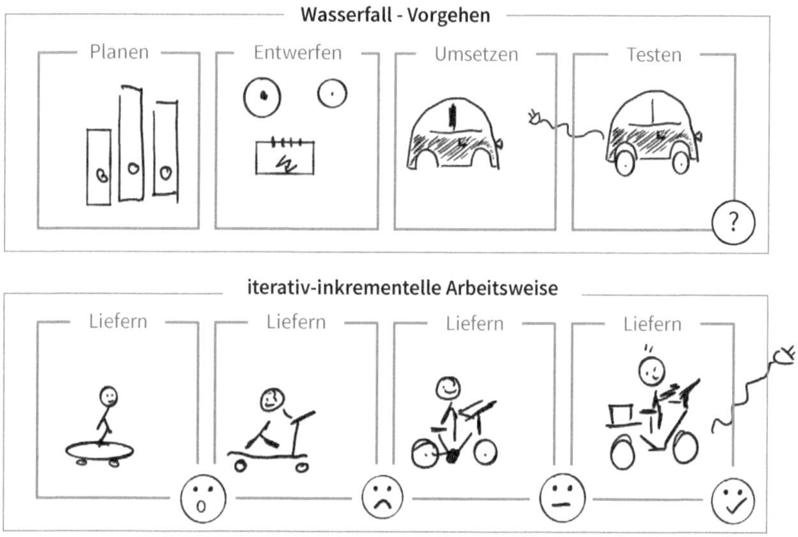

Abb. 6: Iteratives vs. Wasserfall-Vorgehen

Agiles Arbeit versteht sich als empirisches Arbeiten, die Methode »Versuch-und-Irrtum« ermöglicht das Ausprobieren und Entdecken. Die Arbeitsweise eröffnet Freiräume bei der kreativen Suche nach besseren Lösungen. Ein wichtiger Unterschied zur herkömmlichen Wasserfall-Vorgehensweise: Die Abfolge aus Planen, Entwerfen, Umsetzen und Testen wird ersetzt durch kurze Lieferzyklen, die wie Miniprojekte in wenigen Wochen jeweils die gesamte Lieferstrecke von der Anforderung bis zur Lösung durchlaufen. Die Planung tritt zurück und das Umsetzen und Liefern stehen im Vordergrund.

Aus den langen, schwierigen, riskanten Projekt wird auf diese Weise ein steter Prozess von kurzen, einfachen Iterationen. Damit das iterative Arbeiten gelingt, muss Komplexität in kleine Einheiten gegliedert und müssen Veränderungen durch häufige Anpassungen verdaut werden. Der Vorteil: ein kontinuierlicher Lieferstrom aus Ergebnissen. Diese Inkremente liefern früh, häufig und günstig Mehrwert.

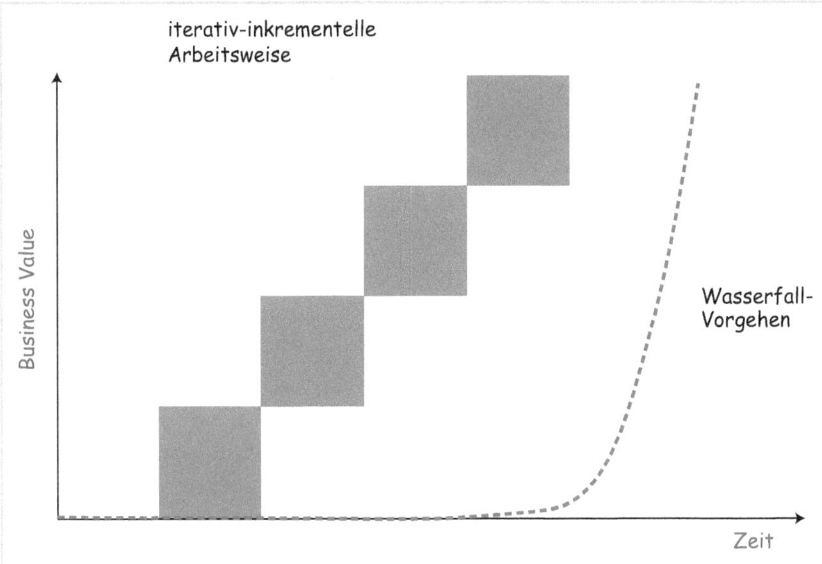

Abb. 7: Frühe, häufige Wertschöpfung

»Easy to explain – hard to apply«: Die Idee der agilen Arbeitsweise ist einfach, die Herausforderung liegt in der Anwendung. Agiles Arbeiten erfordert ein hohes Maß an Disziplin und Struktur. Ohne Leitplanken und Orientierungspunkte versinkt das empirische Vorgehen schnell im beliebigen Tasten und Stochern. Die Methode Versuch und Irrtum benötigt einen Kompass, an dem sich das Vorgehen bewerten und entwickeln lässt.

- **Geschwindigkeit**: Gute Kennzahlen sind einfach und klar, sie geben Auskunft über den Handlungsbedarf. Für das agile Management ist dies die Liefergeschwindigkeit. Time-to-Market, also die Dauer zwischen Anforderungen und Lösung, fasst diese Fähigkeit kompakt zusammen. Die kurzen, schnellen Lieferzyklen sind der Arbeitstakt, mit dem Feedback eingesammelt und Umsetzungsarbeiten gesteuert werden. Dabei gilt: je größer die Unsicherheit, desto kürzer die Zyklen. Die Logik dahinter: Kleinere Arbeitsschritte bedeuten geringeres Risiko. Mit dem Liefertakt wird aus Versuch und Irrtum ein kontrolliertes, gesteuertes Vorgehen.
- **Lieferfähigkeit**: Kurze Zyklen reichen nicht aus. Ebenso wichtig ist die Fähigkeit, Ergebnisse zu liefern. First Pass Yield, also der Anteil der im ersten Anlauf fehlerfrei gelieferten Ergebnisse, ist ein guter Indikator, um die Lieferfähigkeit sichtbar zu machen. Das Leitbild lautet: Mit jeder Iteration – also mit jedem Lieferzyklus – steht ein nutzbares Ergebnis bereit. So lassen sich der Kundennutzen und der Arbeitsfortschritt zweifelsfrei bewerten. Bevor das Produkt in die Hände des Kunden gelangt, ist jedoch einiges zu tun. Die Fähigkeit, die Lieferungen zu integrieren und die Qualität sicherzustellen, ist entscheidend. Bei der Planung und Umsetzung müssen Anforderungen und Abnahmekriterien klar formuliert und konsequent sichergestellt werden.

- **Unabhängigkeit**: Schlank und flink, so lautet das Leitbild in der Zusammenarbeit. Je weniger Schnittstellen und Abhängigkeiten, desto geringer der Aufwand in der Planung und Steuerung. Dezentrale, autarke Teams sind ein wichtiger Baustein, um mit hoher Geschwindigkeit Ergebnisse liefern zu können. Doch es geht nicht nur um Geschwindigkeit. Genauso wichtig ist die Bereitschaft, Verantwortung an die Lieferteams zu übergeben. Natürlich hat das Auswirkungen auf die Führungskultur des Unternehmens. Die Aufgaben der Planung und Steuerung wandern zurück auf die Arbeitsebene. Der Grund dafür ist klar: Innovation und Kreativität brauchen Freiraum und Motivation.

Continuous Delivery: liefern – liefern – liefern!

Google macht es mehrmals in der Woche, Facebook zweimal am Tag, Amazon spricht gar von alle 11,6 Sekunden. In diesem Liefertakt werden neuen Funktionen auf den globalen Cloud-Plattformen der Internetunternehmen bereitgestellt. Continuous Delivery, das Leitbild eines kontinuierlichen Stroms aus Neuerungen und Verbesserung, prägt die Arbeitsweise. Die Performance der Amazon-Prozesse ist spektakulär, die hieraus resultierende Kundenorientierung marktführend. Nicht ohne Grund ist der amerikanische Internetgigant als Wettbewerber gefürchtet. Die hohe technische Leistungsfähigkeit geht einher mit einer stark dezentralen Organisation. Sprichwörtlich auch die Two Pizza Teams, also Teams so klein, dass sie von zwei Pizzas noch satt werden. Eine konsequent flache, dezentrale Organisation prägt die Zusammenarbeit in den Amazon-Entwicklungsteams.

3.1 Agile Prinzipien und Werte

Im Jahr 2001 traf sich eine Gruppe von Softwareentwicklern im US-Bundesstaat Utah. Ziel des Treffens: ein gemeinsames Fundament aus Prinzipien und Werten für die Methoden der agilen Teamarbeit zu formulieren. Wie kann Softwareentwicklung besser, flexibler und schlanker gelingen? Diese Frage hatte die Softwareentwickler in den 90er Jahren stark beschäftigt. Zu langsam in der Lieferung, zu schwerfällig im Umgang mit Veränderungen und zu aufwendig in der Steuerung – immer häufiger stießen die klassischen Vorgehensweisen an ihre Grenzen. Die diskutierten Alternativen wie Extreme Programming, Scrum oder Unified Process unterschieden sich in vielen Aspekten. Gemeinsam war diesen Ideen jedoch die Einsicht, dass moderne Softwareentwicklung nur schlank, flink und teamorientiert gelingen kann. Das Ergebnis des Arbeitstreffens war das agile Manifest. Eine kompakte Sammlung von Prinzipien, die in den folgenden Jahren den Grundstein legte, um Methoden und Vorgehensweise abzuleiten.

Das agile Manifest

Individuen und Interaktion sind wichtiger als Prozesse und Werkzeuge.	Projektarbeit ist Teamarbeit. Der Austausch von Wissen, die Diskussion von Lösungen, die Zusammenarbeit bei der Umsetzung sind die zentralen Erfolgsfaktoren. Prozesse und Werkzeuge unterstützen und fördern den sozialen Prozess.
Funktionsfähige Software ist wichtiger als umfassende Dokumentationen.	Die Anwendung der Arbeitsergebnisse ist das Ziel der Entwicklungsarbeit. Die Arbeit am nutzbaren Lieferobjekt hat Vorrang. Unterstützende Aufgaben, die keinen direkten Kundennutzen liefern, treten zurück.
Die Zusammenarbeit mit dem Kunden ist wichtiger als Vertragsverhandlungen.	Entwicklungsprojekte brauchen Rückmeldungen und Anregungen. Je offener und direkter der Austausch mit dem Kunden, desto besser. Die Zusammenarbeit zwischen Entwicklungsteam und Auftraggeber ist kooperativ und auf das gemeinsame Ziel ausgerichtet.
Der Umgang mit Veränderungen ist wichtiger als das Befolgen eines Plans.	Veränderungen sind willkommen. Aus der Entwicklung entstehen Erkenntnisse, aus dem Kundenfeedback neue Anforderungen. Je einfacher und schneller diese Anregungen aufgegriffen werden, desto größer der gelieferte Mehrwert.

Die Prinzipien sind ungewöhnlich formuliert, kein richtig oder falsch, sondern Orientierungsmarken, an denen sich die Zusammenarbeit ausrichten lässt Jedes Team muss eine geeignete Balance finden, mit der es erfolgreich arbeiten kann. Das agile Manifest gibt Anregungen und Prinzipien für die Arbeit im Team und an der Vorgehensweise.

Agile Arbeit ist zuerst und zumeist Teamsport. Jedes agile Team, jede agile Organisation muss ihre Spielregeln klären: Wie gelingt es uns, den notwendigen Spielraum für die Zusammenarbeit zu schaffen? Wie schaffen wir eine Kultur der Zusammenarbeit, in der sich die Teammitglieder vertrauen, unterstützen und gemeinsam Verantwortung übernehmen?

Die agilen Werte geben vielen Teams Anregungen, ihren eigenen Weg zu finden.

Die fünf Scrum-Werte

- **Mut** (Courage): Die Suche nach Lösungen, das kreative Experimentieren benötigen Mut. Die Offenheit, ohne perfekten Plan zu starten, die Bereitschaft, Irrtümer einzugestehen und das Vorgehen zu ändern, zeichnet agile Teams aus. Damit das gelingt, braucht es Neugier, Risikobereitschaft und natürlich eine Kultur, in der Scheitern kein Versagen ist.

- **Fokus** (Focus): Die zuverlässige Lieferung gelingt, wenn das Team ein gemeinsames Ziel hat. Klare, messbare Ziele und die Bereitschaft, die Leistung und den Arbeitsprozess an sinnvollen Kriterien zu messen, gehören dazu. Der Lernprozess gelingt, wenn es überprüfbare, bewertbare Ergebnisse gibt.
- **Offenheit** (Openness): Die Zusammenarbeit lebt vom Austausch. Nur wenn es gelingt, offen über Erfahrungen, Befürchtungen und Unsicherheiten zu sprechen, entfaltet das Team seine volle Leistung. Aus dem geteilten Wissen erwachsen Anregungen, aus der Diskussion entwickeln sich bessere Lösungen.
- **Respekt** (Respect): Auf Augenhöhe arbeiten die Teammitglieder zusammen. Kreativität und Engagement brauchen Spielraum und Wertschätzung. Der Innovationsimpuls benötigt Vielfalt und Konflikt. Damit das gelingt, braucht es einen zivilisierten, gleichberechtigten Umgang miteinander.
- **Commitment**: Das Team hat ein gemeinsames Ziel. Es geht um die Bereitschaft, Verantwortung zu übernehmen. Realistische, ambitionierte Ziele müssen vom Team entwickelt und getragen werden. Vertrauen und Freiräume fördern Engagement und Motivation.

3.2 Warum brauchen wir agiles Management?

Agiles Management gehört in vielen Unternehmen heute wie selbstverständlich dazu. Nicht nur IT-Abteilungen, auch operative Einheiten wie Marketing, Vertrieb oder Projekte in der Verwaltung und im Management haben die Vorteile der Agilität für sich entdeckt. Die Gründe dafür:

- **Zufriedenere Kunden**: Die frühen und häufigen Lieferungen laden den Kunden ein, Fragen zu stellen und Anregungen zu geben. So bleiben Anforderung und Lösung eng zusammen. Die Einbindung des Nutzers in den Entwicklungsprozess hilft dabei, innovative Lösungen für die Praxis zu entwickeln.
- **Höhere Wertschöpfung**: Die kurzen Zyklen des Lieferns-Bewertens-Verbesserns helfen dabei, Abweichungen gering zu halten und Fehlentwicklungen schnell zu erkennen. Die Blindleistung nimmt ab, der Nutzwert steigt. Die frühen Lieferungen ermöglichen eine schnelle, sukzessive Bereitstellung. Mit dem frühen Markteintritt ist Umsatz verbunden.
- **Geringeres Risiko**: Die Steuerung auf Sichtweite, die kurzen Planungszyklen, geben viele Entscheidungspunkte. Eine große, riskante Investition wird in eine Kette von kleineren Vorhaben zergliedert. Schrittweise lassen sich auf diese Weise Chancen und Risiken bewerten und steuern.
- **Höhere Motivation**: Mit den kurzen Umsetzungszyklen werden Feedbackzyklen drastisch verkürzt. Der Zusammenhang von Leistung und Ergebnis wird spürbar. Die Rückmeldungen an das Team geben klare Signale für die persönliche Entwicklung. Die Aufgaben der Planung, Steuerung und Umsetzung wachsen zusammen. Die Kontrolle wandert zurück – dorthin, wo die Arbeit gemacht wird.

Agilität ist keine Wunderwaffe und nicht für alle Aufgaben geeignet. Das iterativ-inkrementelle Arbeiten in kurzen Lieferzyklen hat Vorteile, wenn es darum geht, unbekannte Anforderungen zu entdecken oder unsichere Lösungsansätze auszutesten. Damit das gelingt, müssen Aufgabe und Vorgehensweise zusammenpassen.

3.3 Für welche Aufgabe passt es?

Agilität ist eine Antwort auf hohe Dynamik und Komplexität. Je größer die Unsicherheit, desto größer die Vorteile des schrittweisen Vorgehens. Je weniger wir über die zu bewältigende Aufgabe wissen, desto besser passt die agile Vorgehensweise. Bei der Beantwortung der Frage, für welche Aufgabe sich Agilität eignet, hilft es das, Ausmaß dieser Unsicherheit zu klären. Zwei Betrachtungsdimensionen helfen dabei:

Anforderungen: Was wollen wir tun? Wie klar und stabil sind die fachlichen Anforderungen an das Ergebnis? Wie groß sind die erwarteten Änderungen und Anpassungen?

Lösung: Ist das Lösungskonzept bekannt? Wie gut kennen wir die Technologie, wie gut beherrschen wir die Abhängigkeiten? Haben wir die notwendigen Kompetenzen und Ressourcen?

Eine einfache Bewertung könnte wie folgt aussehen:

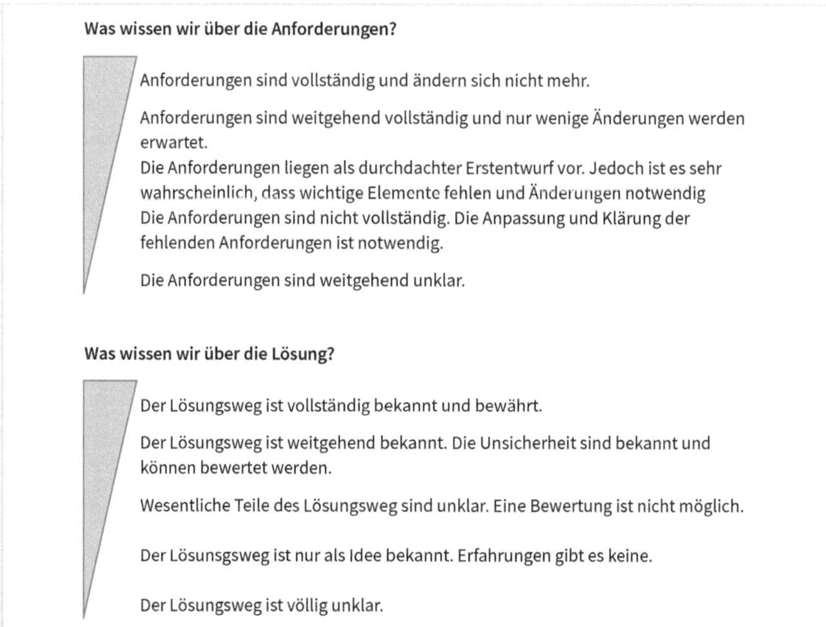

Abb. 8: Was wissen wir über Anforderungen und Lösungswege?

Diese Positionierung der Aufgabe in diesen beiden Dimensionen lässt sich visuell interpretieren. Ein Beispiel hierfür: die Sektoren der Stacey-Matrix.

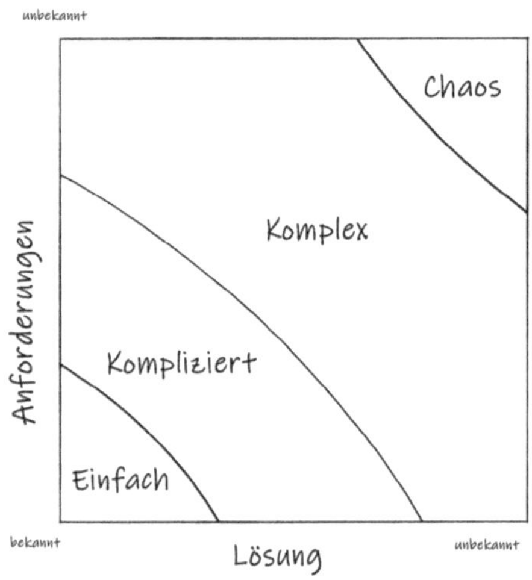

Abb. 9: Die Stacey-Matrix

Je weiter entfernt vom Ausgangspunkt des Diagramms, desto größer der Nutzen des agilen Vorgehens. Eine Gruppierung von Aufgaben mit ähnlicher Gewichtung erleichtert die Entscheidung.

- **Einfach** – Die Aufgaben nahe des Ursprungs sind Routine. Die Anforderungen sind bekannt und stabil, ebenso der Lösungsweg ist bewährt. Eine gute Planung und eine disziplinierte Umsetzung ist der optimale Weg um die Lösung zu Liefern. Beispiele hierfür gibt es in vielen Organisationen überall zu sehen, es sind die Standardprojekte und Routinen für das alltägliche Geschäft.
- **Schwierig** – Die Aufgaben können nur mit vielfältigen, unsicheren Annahmen durchgeplant werden. Kurze Planungszyklen und eine schrittweise Umsetzung helfen, die Dynamik und die Komplexität der Aufgabe schrittweise zu reduzieren.
- **Komplex** – Die Aufgaben können nicht beplant werden. Es fehlt ein Rahmen aus Annahmen und Erfahrungen. Die Methode »Versuch und Irrtum« ist notwendig, um die Unsicherheit in kleinen Iteration zu bändigen. Die Lösung entsteht schrittweise inkrementell.
- **Chaos** – eine unbeherrschbare Situation. Eine Planung, aber auch eine Umsetzung scheitern an der völligen Unvorhersagbarkeit und den instabilen Anforderungen.

Für welche Aufgaben eignet sich Agilität – nicht nur die Unsicherheit spielt dabei eine Rolle. Ebenso wichtig ist die Architektur des Produkts. Natürlich macht es einen Unterschied, ob ein Tunnel durch das Alpenmassiv getrieben werden soll oder eine modulare Softwarelösung zu liefern ist. Agilität gelingt gut, wenn häufige Änderungen kein

Problem darstellen. Kleine Änderungen, kleiner Aufwand: So lässt sich eine wichtige Voraussetzung der agilen Arbeitsweise zusammenfassen. Die iterativ-inkrementelle Methode erarbeitet Lösungen in kleinen Schritten. Das funktioniert gut, wenn die Einzelteile weitgehend unabhängig voneinander geliefert und verändert werden können. Dann sind spätere Änderungen einfach möglich. Auf diese Weise wächst die Lösung in kleinen Schritten heran.

Diese modulare, lose Produktarchitektur ist keine Besonderheit von Softwareprodukten. Auch Automobile, Raumraketen und sogar Flugzeuge können mit diesen Architekturprinzipien realisiert werden. Jedoch gibt es Grenzen. Projekte, die Hochhäuser, Tunnel oder Hängebrücken bauen, benötigen vor dem Umsetzungsbeginn eine vollständige Planung. Anderenfalls drohen hohe Änderungskosten und aufwendige Umbauarbeiten im Projektverlauf. Diese sogenannten Cost of Change, also die Kosten für eine späte Anpassung, sind entscheidend bei der Frage nach der Vorgehensweise. Je flacher die Änderungskosten im Projektverlauf sind, desto besser eignet sich das iterativ-inkrementelle Vorgehen. Natürlich lassen sich Änderungskosten beeinflussen – Automatisierung von Test- und Integrationsaufgaben oder die Modularisierung mit offenen Schnittstellen helfen dabei, eine agile Produktarchitektur zu verwirklichen.

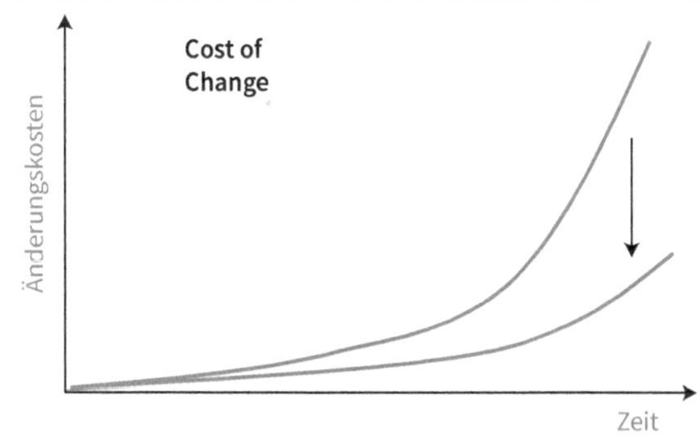

Abb. 10: Cost of Change

3.4 Agile Führung mit der Product Vision

Das Produkt wächst in kleinen Schritten, mit jeder Lieferung wird das Bestehende erweitert und verändert. Diese iterativ-inkrementelle Vorgehensweise hat viele Vorteile. Die häufigen Lieferungen helfen, Abweichungen früh zu erkennen und schnell nachzusteuern. Jedoch birgt auch diese schrittweise Arbeitsweise Risiken. Die Fokussierung auf das kurzfristige Etappenziel birgt die Gefahr in kleinen Schritte in einer Sackgasse zu landen. Ähnlich wie bei der Bergwanderung bei dichtem Nebel, reicht es nicht aus jeweils nur bergan zu wandern. Mit hoher Wahrscheinlichkeit werden wir auf diese Weise nur einen Hügel erklimmen und den Gipfel des Berges verpassen. Um diese Herausforderung zu meistern, benötigt ein agiles Team ein Zielbild, das über die nächste Etappe hinausragt.

Die Product Vision ist das Zielbild, an dem Arbeitsergebnisse bewertet und die Planung der nächsten Schritte ausgerichtet werden können. Ähnlich wie ein Leuchtturm für den Seefahrer gibt uns die Product Vision eine Orientierung. Klar ist, die Vision bewegt sich und entwickelt sich voran, sie ist ein lebendiges Zielbild.

Für die Erarbeitung der Product Vision müssen fachliche Sichtweisen und technische Möglichkeiten zusammengebracht werden. Die Product Vision entwickelt sich in der Diskussion von Anforderungen und Lösungsmöglichkeiten. Je besser es gelingt, die unterschiedlichen Perspektiven, fachlich und technisch, einzubinden, desto realistischer wird das Zielbild. Der Produktmanager ist in dieser Diskussion gefordert, Transparenz herzustellen, Risiken zu verstehen und das Team zu überzeugen. Eine Product Vision lebt von Verständlichkeit und Attraktivität. Eine kompakte und überzeugende Darstellung ist notwendig. Es geht um den Leuchtturm, der einfach und deutlich in jeder Wetterlage Orientierung gibt.

Checkliste

- **Worum geht es?** – Welche Idee verfolgen wir, welches Problem wollen wir lösen, welches Bedürfnis befriedigen? Eine kurze, verständliche und überzeugende Antwort.
- **Wer ist die Zielgruppe?** – Für wen machen wir das? Welche Merkmale und Eigenschaften unseres zukünftigen Kunden sind uns wichtig? Was unterscheidet unsere Kunden?
- **Welche Bedürfnisse werden adressiert?** – Was erwartet der Kunde von der Lösung? Funktionen, Gestaltung, Nutzung. Welche Vermutungen haben wir? Je klarer die Hypothese formuliert ist, desto leichter lässt sie sich überprüfen.
- **Welche Anforderungen sind entscheidend?** – Welches sind die aktuell kritischen Anforderungen? Was müssen wir früh klären, um Annahmen zu überprüfen und das Risiko klein zu halten? Es geht um fachliche Schwerpunkte und um technische Eigenschaften, die für das Produkt wichtig sind.
- **Wie unterscheidet sich das Produkt im Wettbewerb?** – Welche Alternativen hat der Kunde zu unserem Angebot? Warum sollte er sich für unser Angebot entscheiden? An welchen Mitbewerbern wollen wir uns messen?
- **Wie wird das Produkt profitabel?** – Was muss sichergestellt werden, damit die Kosten nicht aus dem Ruder laufen und die Erlöse rechtzeitig und ausreichend eintreffen? Bennen Sie die kritischen Annahmen, um das Geschäftsmodell früh und systematisch zu überprüfen und ggf. anzupassen.

- **Welche Herausforderungen gibt es?** – Welche Abhängigkeiten haben wir, welche Rahmenbedingungen sind für das Produkt und den Lieferprozess wichtig? Meilensteine und regulatorische Anforderungen haben einen direkten Einfluss auf die Umsetzungsplanung.

ARBEITSMATERIALIEN

- Für welche Produkte und Projekte eignet sich der agile Managementansatz in Ihrem Umfeld?
- Wie lautet Ihre Product Vision? Ist sie kompakt, klar und überzeugend?

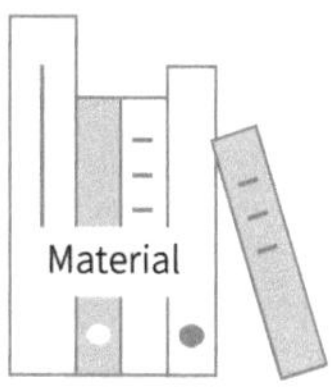

- Agiles Manifest: www.agilemanifesto.org
- Scrum: www.scrum.org
- Product Vision Board: http://www.romanpichler.com/tools/vision-board

4 Lean Product Development – Agilität im Prozess sicherstellen

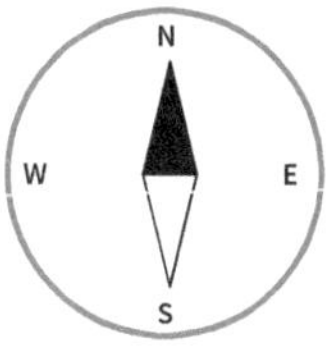

Flinke, schlanke Prozesse sind die Leitplanken der Produktentwicklung. In diesem Kapitel geht es um die Prinzipien und Ansätze des Lean Product Development.

- Was bedeutet *Lean* in der Produktentwicklung?
- Was ist der Lean Product Life Cycle?
- Wie lässt sich das Produkt durch den Life Cycle steuern?

4.1 Die fünf Lean-Prinzipien

Lean Management macht sich auf die Suche nach Verschwendung. Ziel ist die kundenorientierte, verschwendungsfreie Wertschöpfung. Ein Kerngedanke dabei: kontinuierliche Verbesserung der Abläufe. Die einfachen Prinzipien des Lean Managements helfen bei der Analyse und Gestaltung der Prozesse. Eine Herausforderung dabei ist die Balance zwischen Kundenzufriedenheit und Qualität einerseits und niedrigen Kosten und hohen Gewinnen anderseits. Die Arbeitsweise des Lean Managements ist stark quantitativ geprägt. Kennzahlen und Messmethoden sind zentral, um die Leistungsfähigkeit zu vermessen und zu bewerten.

Der umfangreiche Werkzeugkoffer aus Methoden und Ansätzen basiert auf einem einfachen Fundament: die Lean-Prinzipien.

Die fünf Lean-Prinzipien

1. **Wert aus Sicht des Kunden definieren.** Die Orientierung an den Bedürfnissen und Anforderungen des Kunden steht im Zentrum. Das bedeutet, der Kunde ist klar definiert und die Erfüllung der Anforderungen leitet die Umsetzung. Die Wertschöpfung des Prozesses sind die nutzbaren und lieferfähigen Arbeitsergebnisse.
2. **Wertstrom identifizieren.** Die Transparenz im Arbeitsablauf ist notwendig, um die wertschöpfenden Tätigkeiten zu steigern. Arbeitsschritte und Werkzeuge werden daran gemessen, ob sie helfen, die Nutzleistung zu steigern, oder ob sie als Blind- oder Fehlleistung die Wertschöpfung reduzieren. Der Wertstrom hilft bei der Identifikation von Potenzialen.

3. **Flow-Prinzip umsetzen**. Prozesse sind kontinuierliche, dauerhafte Abläufe. Die Wertschöpfung im Prozess gelingt gut, wenn Unterbrechungen vermieden, die Warteschlange aufgelöst und eine gleichmäßige Auslastung sichergestellt wird. Ein Hauptanliegen des Lean Managements ist der *Flow*, der unterbrechungsfreie, kontinuierliche Lieferstrom. Die Steuerung des Ablaufs durch Kennzahlen zielt darauf ab, Probleme zu erkennen und zu beheben, bevor der Prozessfluss beschädigt wird.
4. **Pull-Prinzip einführen**. Ein Lean-Prozess wird gezogen, nicht gedrückt. Arbeiten im Prozess werden durch eine konkrete Nachfrage gestartet. Auf diese Weise zieht (*Pull*) der Kundenwunsch vom Liefererergebnis die Arbeiten an. Im Unterschied zur Auslastungssteuerung (*Push*) werden Ressourcen auf diese Weise nur nach Bedarf eingesetzt. Die Wirkung auf die Wertschöpfung ist immens - die Liefertreue steigt, Lagerbestand und Ressourcenbedarf sinken. Das Pull-Prinzip wirkt auf Kundenzufriedenheit und Effizienz gleichermaßen.
5. **Perfektion anstreben**. Perfekte Arbeitsabläufe sind das Zielbild der Prozessarbeit. Jedoch, Anforderungen verändern sich, Technologien wandeln sich, Mitarbeiter entwickeln sich - Prozessarbeit ist niemals fertig. Der kontinuierliche Verbesserungsprozess (KVP) ist der Schlüssel, um die Wertschöpfung nachhaltig sicherzustellen.

Lean Production: So lautete der ursprüngliche Fokus der Lean-Management-Methoden. Die Prinzipien und Werkzeuge entstammen aus Steuerung von Produktions- und Betriebsprozessen. Natürlich ist das Streben nach Kundenorientierung und Wirtschaftlichkeit ohne Einschränkungen auch für die Produktentwicklung von Bedeutung. Jedoch, im Unterschied zu den Routineprozessen in der Produktion, lassen sich die zukünftigen Erträge einer Produktentwicklung nur schwer exakt abschätzen. Während die Kosten unmittelbar anfallen, zeigt sich der (unsichere) Wertschöpfungsbeitrag eines neuen Produkts erst sehr viel später. Zudem, der Weg dorthin ist riskant: Klappt die Umsetzung? Stimmt die Qualität? Gibt es für dieses Produkt eine Nachfrage? Was macht die Konkurrenz? Das Kosten-Nutzen-Kalkül des Lean Managements gelingt nur, wenn diese Unsicherheiten entsprechend berücksichtigt werden. Dafür sind Informationen notwendig, die dabei helfen, Unsicherheiten zu reduzieren und Risiken besser einzuschätzen. In der Produktentwicklung besteht die Wertschöpfung häufig aus Informationen.

Doch wie lässt sich der Mehrwert einer Information bewerten? Der Management-Experte Donald Reinertsen hat das Konzept der »Cost of Delay« vorgeschlagen. Die Idee dabei, im Unterschied zu Produktionsprozessen fallen Kosten und Erträge in der Produktentwicklung zu unterschiedlichen Zeitpunkten an. Dabei gilt, je später die Bereitstellung des Produkts erfolgt, desto höher die Kosten und desto niedriger die späteren Erlöse im Markt. Der Grund dafür: Während die Erlöse im einem Wettbewerbsmarkt begrenzt sind, sind die Entwicklungskosten für ein neues Produkt potenziell unbegrenzt.

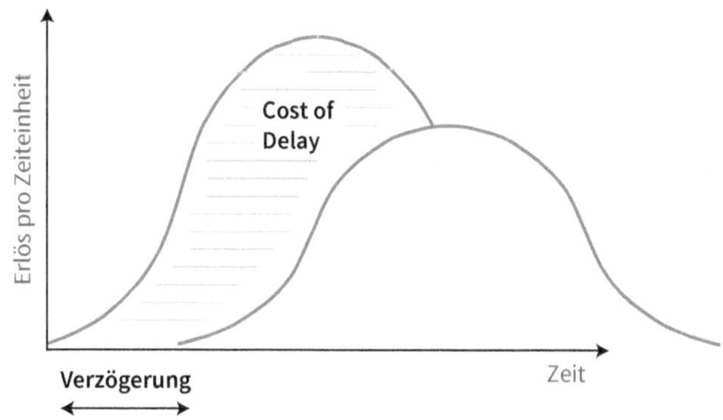

Abb. 11: Cost of Delay

Die Cost-of-Delay verändern die Perspektive auf den Entwicklungsprozess – ins Zentrum rückt die Frage, wie schnell es gelingt, aus Anforderungen Lösungen zu entwickeln. Die Geschwindigkeit des Umsetzungsprozesses – die Time-to-Market – bekommt eine überragende Bedeutung. Schließlich werden mit jeder Iteration neue Information gewonnen und Unsicherheit verringert. Umso erstaunlicher, das etwa 85 % aller Produktmanager die Cost of Delay für ihr Produkt nicht kennen und die Frage: »Welche Kosten verursacht eine einmonatige Verzögerung für Ihr Produkt?« nicht beantworten können, so die Beobachtung von Reinertsen (siehe dazu auch Kapitel 9.3.1 für eine Herleitung der Cost of Delay).

Der Transfer der Lean-Product-Development-Ansätze in die Praxis ist eine Herausforderung, bei der Erfahrung hilft und Denkanstöße wertvoll sind. Im Blog »Sprint Zero« geht die Diskussion mit Beispielen und aktuellen Entwicklungen weiter.
www.c43p.de

Die Suche nach unbekannten Informationen lässt sich schwer planen. Dabei ist die Vielfalt der Experimente ein wichtiges Werkzeug. Eine gängige Vorgehensweise ist es, breit zu starten und schrittweise zu fokussieren. Der Ansatz des *Set Based Design* ist hierfür ein Beispiel. Die Idee dabei: Vielfalt eröffnet Entscheidungsoptionen. Eine Anzahl von Produktkandidaten wird gleichzeitig gestartet. Auf Basis des jeweiligen

Arbeitsfortschrittes wird das Kandidatenfeld schrittweise ausgedünnt. Die Produktkandidaten lassen sich als Entscheidungsoption verstehen. Je größer die Anzahl der Optionen, desto geringer das Risiko, bei der Produktentwicklung in einer Sackgasse zu landen. Die Gefahr, das falsche Produkt zu spät zu liefern, kann auf diese Weise durch eine Schar von Produktkandidaten reduziert werden. Im Unterschied zu Produktionsprozessen hat die Variabilität in der Produktentwicklung einen wichtigen positiven Effekt. Vielfalt vergrößert die Anzahl der Optionen und verringert das Risiko, zu spät zu liefern.

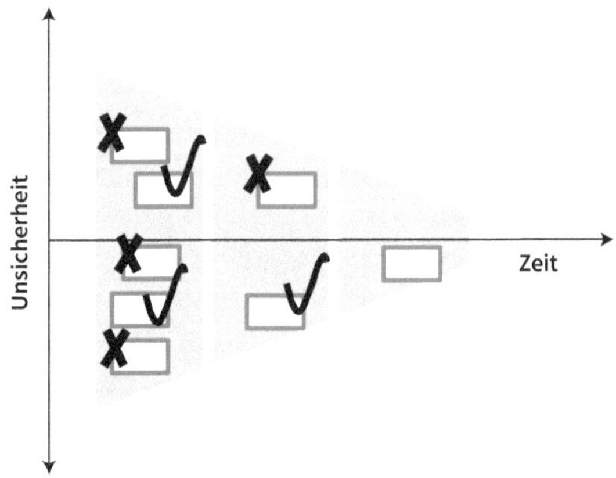

Abb. 12: Cone of Uncertainty mit Set Based Design

4.2 Den Produktlebenszyklus gestalten

Die Entwicklung des Produkts ist kontinuierliches Pflegen und Weiterentwickeln. Für das Produktmanagement stehen je nach Reifegrad des Produkts unterschiedliche Aufgaben an. Der Lean Product Life Cycle (LPC) bildet diese Abfolge von Prozessphasen ab. Der LPC ist eine Blaupause für die Gestaltung und Steuerung der Managementaufgaben.

	Idea	Explore	Validate	Grow	Sustain	Retire
Ziele	Welche Probleme wollen wir lösen, welche Bedürfnisse unserer Kunden erfüllen?	Wie gut haben wir das Problem verstanden? Welche Lösungsansätze gibt es? Welche Eigenschaften muss das Produkt haben, um erfolgreich zu sein?	Was sagt der Nutzer – ist das Lösungskonzept verständlich, realistisch, sinnvoll? Wie kann ein profitables Geschäftsmodell aussehen?	Wie werden wir profitabel?	Kundenbindung sicherstellen und Marktposition verteidigen, Profitabilität steigern	Wie stellen wir die Profitabilität in einem schrumpfenden Markt sicher? Wie überführen wir die Kundenbeziehung in ein neues Produkt?
Aufgaben	Probleme offen legen, Bedürfnisse formulieren, Lösungsansätze skizzieren, Annahmen sammeln	Hinausgehen und mit den Menschen sprechen - zuhören, beobachten, fragen, verstehen	Hypothesen testen, Experimente durchführen, Erkenntnisse sammeln und bewerten	Kunden gewinnen und binden, Produkt stabilisieren, Prozesse skalieren, Profitabilität sicherstellen	Pflege und Weiterentwicklung des Produktes und der Prozesse; Ergebnisse – Performance Kennzahlen zur kontinuierlichen Bewertung von Kundenzufriedenheit, Effizienz, Qualität und Wettbewerbsfähigkeit	Profitabilität von Produktvarianten und Kundensegmenten analysieren, Volumen und Kapazitäten konsequent anpassen; Kundenbindung sicherstellen und Nachfolge-Angebote entwickeln;
Ergebnisse	Kandidaten-Steckbriefe – Worum geht es? Warum ist das wichtig? Welche Lösung stellen wir uns vor? Welche Annahmen & Vermutungen haben wir?	Produkt-Steckbrief – Hypothesen und Arbeitsfragen; Zielgruppen und Personas; Skizze der notwendigen Experimente;	Produkt-Steckbrief – Ergebnisse der Experimente (bestätigte und widerlegte Hypothesen); Skizze des Geschäftsmodells; Entscheidungsvorschlag nächste Schritte	Kontrolliertes Wachstum, nachhaltige Profitabilität	Disziplin und Ausdauer bei der kontinuierlichen Verbesserung	Nachhaltige Profitabilität mit sinkendem Volumen; hohe Wechselquote auf das Nachfolgeangebot
Erfolgsfaktoren	Neue Perspektiven anbieten und zumuten, Mut und Entdeckergeist bestärken, Vielfalt fördern, Auseinandersetzung suchen	Direkter Zugang zum Markt und potentiellen Nutzern, mutig Fragen stellen, aufmerksam beobachten, Verständnis für Probleme entwickeln	Fokus auf die kritischen Annahmen, strukturierte Umsetzung der notwendigen Experimente, unvoreingenommene Bewertung der Ergebnisse;	Aufbau einer nachhaltigen Kundenbasis, Lernen und Anpassen an den wachsenden Markt; zuverlässige Umsetzungsperformance, diszipliniertes Verbessern, behutsame Skalierung der Prozesse und Organisation	Stabiles Produktteam, Ende-zu-Ende Verantwortung über die gesamte Prozessstrecke vor Vertrieb bis Service.	Kostendisziplin und Kundenorientierung
Team	Klein genug, um Vertrauen zu entwickeln, vielfältig genug, um neue Sichtweise kennenzulernen und herauszufordern, Mutig genug, um bewährte Sichtweise & Lösungsansätze zu hinterfragen, Entschlossen genug, um Ergebnisse zu liefern	Zugewandt, aufmerksam, offen und empathisch	methodisch fit bei der Strukturierung und Umsetzung der Tests und Experimente, erfahren bei der Entwicklung der Geschäftsmodellskizze; vernetzt bei der Abstimmung der Entscheidungsvorlage	Interdisziplinäre, bereichsübergreifende Zusammenarbeit, dezentrale, autarke Expertenteams; gemeinsame Vision;		
Werkzeuge	Freiräume, im räumlichen und organisatorischen Sinne, ein strukturierter Prozess zum Ideenaustausch und Problemdiskussion	Interviews, Exkursionen, Praktika	Prototypen, um Kundenfeedback einzuholen, Akzeptanz-Test, um Lösungsansätze zu bewerten, Szenario-Analysen zur Entwicklung des Geschäftsmodells	Customer Relationship Management, Projektmanagement, Prozess-Steuerung, Organisationsentwicklung		
Links	Design Thinking, Design Sprints	Personas, Customer Journey, Data Analytics	– Kanban; Data Analytics, Business Modell Canvas			

Abb. 13: Lean Product Life Cycle

4.3 Search & Execute – aus der Entwicklung in den Betrieb

Das Product Life Model skizziert ein Modell, an dem sich das Produktmanagement orientieren kann [siehe auch Tendayi Viki, Craig Strong (2018)]. Die Übergänge von einer Phase zur nächsten sind nicht abrupt, sondern entwickeln sich. Dabei ist es besonders der Übergang aus der kreativen, frühen Phase in den strukturierten Regelbetrieb, der häufig eine Herausforderung darstellt. Fähigkeiten, die bisher wichtig waren, treten zurück, Strukturen und Standards werden wichtiger. Das Team muss den Arbeitsmodus wechseln, um das Wachstum zu gestalten. Mit dem Produkt ändern sich die Kunden, das Team, die Prozesse.

Tesla – ein holpriger Start

Die Vorstellung des Tesla-Modells 3 im Juli 2017 war für Elon Musk und das Unternehmen Tesla die Krönung einer beeindruckenden Entwicklungsphase. Mehr als eine halbe Million Kunden hatten eine Anzahlung von 1.000 US-Dollar geleistet, ohne das Auto gesehen zu haben – allein im Vertrauen auf die Lieferfähigkeit des Unternehmens. Die Marketingkampagne hatte die Strahlkraft des Start-up-Unternehmers Elon Musk großartig in Szene gesetzt. Modell 3 war der mutige Wurf, ein elektrisch betriebenes Auto für den Massenmarkt zu liefern. Nun war es soweit: Elon Musk konnte die ersten 30 Autos persönlich an ihre Besitzer übergeben.

Die feierliche Zeremonie blieb für lange Zeit die letzte Gelegenheit zum Feiern für das Tesla-Team. »We are going through production hell«, so twitterte Elon Musk bereits kurze Zeit später. Das Team bekam die Serienfertigung nicht unter Kontrolle. Spätestens als Tesla vor dem hochmodernen Produktionsgebäude ein riesiges Zelt aufbaute und begann, die Modell-3-Fertigung im großen Stil in Handarbeit zu starten, war klar, dass der Übergang aus der Start-up-Phase in die Serienfertigung zu scheitern drohte. Dabei hatte es so gut begonnen. Tesla hatte die ehemalige Produktionsanlage in Fremont von Toyota zu einem Spottpreis übernommen. Eine moderne Fertigungsstrecke, auf der Toyota bis zum Jahr 2005 etwa 6.000 Autos pro Woche gefertigt hatte. Doch die Produktionsanlage war ohne Mitarbeiter übergeben worden. Dem Tesla-Team fehlten die Fähigkeiten und Erfahrungen zur Serienfertigung. Es verfehlte die Produktionsziele von 5.000 Einheiten pro Woche spektakulär. Auch die Kosten pro Einheit lagen etwa fünfmal höher als die vormals von Toyota im gleichen Werk. Wenig erstaunlich: Die gelieferte Qualität der ersten Modell-3-Exemplare enttäuschte auf breiter Front. Erst nach mehr als zwölf Monaten, in der zweiten Jahreshälfte 2018, gelang es Tesla, die Produktion zu stabilisieren. Die Erleichterung währte nur kurz, es warteten die Herausforderungen in Lieferung und Kundenservice – Musks Twitter-Kommentar dazu: »Now we are going into delivery hell.«

Für den Produktmanager bedeutet der Phasenübergang aus der Entwicklung in die Produktion und den Betrieb, dass auch die Arbeitsweisen sich ändern müssen:

- **Prozesse skalieren**: Die Produktentwicklung war geprägt durch das Suchen, Experimentieren und Testen. Der Strom aus Ideen und Lösungsansätzen sollte möglichst vielfältig, dynamisch und breit sein. Vielfalt und Änderungen waren willkommen. In der Entwicklungsphase waren die Abhängigkeiten eher gering und die Geschwindigkeit hoch. Zunehmend hat sich das Produkt jedoch stabilisiert. Das Kandidatenfeld aus möglichen Lösungsvarianten hat sich gelichtet und die Zielgruppe ist bekannt. Immer stärker tritt die Frage in den Vordergrund: Wie gelingt das Wachstum, wie wird das Produkt profitabel? Mit dem Übergang in die Wachstumsphase müssen Abläufe und Strukturen für deutlich größere Volumen verändert werden.
- **Kundenfokus verbreitern**: Bisher waren es »early & friendly users«, also wenige, neugierige und freundliche Nutzer, mit denen das Entwicklungsteam intensiv gearbeitet hat. Die Beziehung war eng und kooperativ. So wurden Bedürfnisse identifiziert und Anforderungen abgeleitet, das Lösungskonzept ist aus der Zusammenarbeit erwachsen. Mit dem Übergang in die Wachstumsphase verändert sich die Kundengruppe: Sie wird größer, anonymer und anspruchsvoller. Das hat Auswirkungen auf die Kommunikation. Die Kundenbeziehung ändert sich – weg vom engen, vertrauen, direkten Austausch hin zur breiten, gesteuerten Zielgruppenkommunikation.
- **Produkt reifen lassen**: Bei den frühen Produktkandidaten ging es vorrangig um Geschwindigkeit und Innovation, Kosten und Qualität standen an zweiter Stelle. Workarounds, Ad-hoc-Änderungen und Einschränkungen in Funktion oder Qualität waren noch akzeptabel. Jedoch, mit dem Übergang in die Wachstumsphase steigen die Stückzahlen und die Toleranz der Kunden nimmt ab. Die Kosten schlechter Qualität wachsen mit dem Volumen und die Akzeptanz für Produktaktualisierungen bei den Kunden wird kleiner. Kosteneffizienz und Qualität treten in den Vordergrund, wenn es um die Profitabilität des Produkts geht. Die Aufgaben der Pflege und Wartung nehmen mehr Raum ein, die funktionale Entwicklung und die Freiräume für Innovationen nehmen ab.
- **Team wachsen lassen**: Bisher war das Team klein und kreativ: Die Kommunikation war direkt und es gab Freiräume für Experimente. Das Team konnte vieles allein und schnell entscheiden. Das gemeinsame Etappenziel hat den Teamgeist und die Motivation beflügelt. Mit dem Übergang in den Massenmarkt, mit dem Beginn des Regelbetriebes verändern sich die Aufgaben und die Zusammensetzung der Mannschaft. Zunehmend muss die gesamte Prozessstrecke von Idee bis Betrieb und Service abgedeckt werden. Die organisatorischen Abhängigkeiten und die technischen Schnittstellen werden komplexer. Planung und Koordination erfordern mehr Aufmerksamkeit. Die Zusammenarbeit im Team wird formeller und der Anteil der Managementaufgaben wächst.

- **Risiko steuern**: Das unternehmerische Risiko in der frühen Phase des Experimentierens lässt sich einfach begrenzen. Strikte Lieferzyklen, kleine Teams und häufige Feedbackschleifen waren ausreichend, um das Investitionsrisiko gering zu halten. Häufig ist es die Cash-Burn-Rate, also die einfache Frage, wie viel Geld noch übrig ist, die das Innovationsteam beschäftigt. Mit dem Übergang in die Wachstums- und Betriebsphase wird das Risiko deutlich größer. Mit dem Volumen wachsen nicht nur die variablen Aufwände für Personal und Arbeitsmaterial, auch die Fixkosten gehen sprunghaft in die Höhe. Investitionen in Produktionsanlage und Infrastruktur sind notwendig, die deutlich mehr Geld erfordern.

4.4 Vom Produkt zum Portfolio

Der Produktlebenszyklus ist die Leitplanke für die Entwicklung und Steuerung des Produktportfolios. Die einzelnen Produkte, Produktvarianten und Entwicklungsprojekte ergeben den Flow, den kontinuierlichen Lieferstrom. *Managing Flow*, so das Leitbild, meint die Fähigkeit, häufig und fortlaufend mit neuen Impulsen den Markt und die Kunden zu beliefern. Auf diese Weise werden Anforderungen früh aufgegriffen und die Wertschöpfung wird am Kunden ausgerichtet.

Damit die Steuerung des Portfolios gelingt, müssen die Initiativen und Projekte im Zusammenhang betrachtet werden. Die Bildung von Gruppen und Themenschwerpunkten eröffnet die Möglichkeit, Entwicklungsarbeit zu bündeln oder ähnliche Aufgaben über verschiedene Projekte zu zentralisieren.

Eine wichtige Aufgabe dabei ist die Gewichtung des Portfolios über die Lebensphasen und Produktvarianten. Der Flow muss nicht nur fortlaufend gelingen, ebenso wichtig ist die Zusammensetzung der gestarteten Initiativen. Die strategische Steuerung des Portfolios sollte eine Balance zwischen den dringenden, kurzfristigen Anforderungen und den wichtigen, langfristigen Zielen sicherstellen.

In den meisten Unternehmen ist nur ein kleiner Teil der Entwicklungsprojekte auf Innovationen ausgerichtet. Aus guten Gründen sind die Entwicklungsabteilungen in der Regel vorrangig mit der Unterstützung des Tagesgeschäftes beschäftigt. Pflege und Weiterentwicklung der bestehenden Produkte binden die Mitarbeiter und verstellen schnell den Blick auf das Geschäft von morgen. Für den Produktmanager bedeutet dies, die kurzfristige Perspektive auf die Produkte von heute muss um eine strategische Sicht ergänzt werden, die auf das Geschäft von morgen schaut. Auf diese Weise lassen sich Freiräume und auch Ressourcen für die Innovationsarbeit sicherstellen.

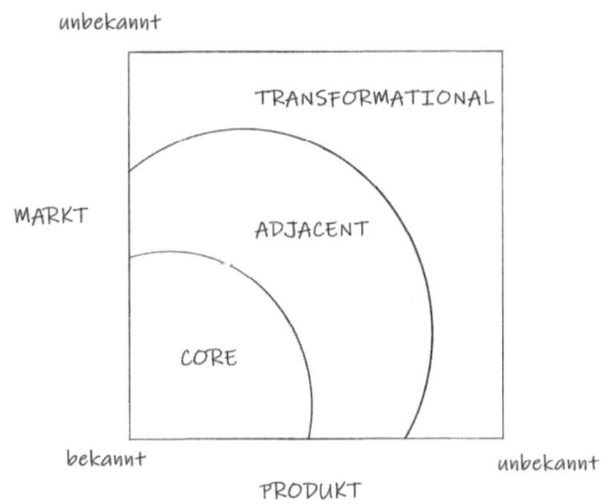

Abb. 14: Innovationsportfolio

- **Core Innovations**: graduelle Verbesserungen am bestehenden Produkt für bestehende Kunden oder etablierte Zielgruppen. Die Rückmeldungen aus dem Betrieb und Service liefern die Impulse, um die Qualität des Produkts sicherzustellen und die Effizienz in der Nutzung kontinuierlich zu verbessern. Dieses Segment des Anforderungsbestandes hat in der Regel eine hohe Sichtbarkeit und lautstarke Fürsprecher: die Nutzer von heute. Dementsprechend landen sie häufig oben auf der Prioritätenliste. Leitfrage: Was ist notwendig, um die Kundenbindung sicherzustellen?
- **Adjacent Innovations**: Weiterentwicklung und Wiederverwendung bestehender Lösungsangebote für neue Märkte oder neue Zielgruppe. Die Impulse kommen eher aus dem Vertrieb oder Marketing. Die Weiterentwicklung am Markt ist getrieben durch Kundenwünsche oder durch Wettbewerber. Die Entwicklung bewegt sich auf bekanntem Terrain, die Lösungskomponenten und Technologien sind weitgehend bekannt. Für die Priorisierung ist der Business Case entscheidend. Leitfrage: Was ist notwendig, um mit unserer Zielgruppe, mit unserem Markt zu wachsen?
- **Transformational Innovations**: Entwicklungsarbeiten abseits des aktuellen Marktes – mit einer neuen Zielgruppe – oder Lösungsangebote, die bisher nicht adressierte Bedürfnisse angehen, ggf. auch in Konkurrenz zum bisherigen Geschäft stehen. Die Rückmeldung aus diesem Marktsegment sind häufig nur schwache Signale für das Produktmanagement. Die Ideen erscheinen abwegig, unrealistisch und riskant. Sie haben keine mächtigen Fürsprecher und lassen sich nur schwer in Zahlen bewerten. Zudem ist die Arbeit an transformativen Innovationen undankbar – das Scheitern ist eher der Normalfall, der Erfolg die Ausnahme. Die transformativen Innovationen gleichen mutigen Wetten auf die Zukunft. Leitfrage: Was ist notwendig, um für den Markt von morgen vorbereitet zu sein?

4.5 Die Pipeline zur Visualisierung nutzen

Die Steuerung des Portfolios aus Produkten und Entwicklungsprojekten ist eine kontinuierliche Aufgabe. Der agile Ansatz und die Lean-Prinzipien leben von Transparenz und Beteiligung. Die Portfolio-Pipeline visualisiert die Produkte im Produktlebenszyklus. Damit fällt es leichter, den Zusammenhang zu betrachten und Schwerpunkte zu setzen. Die Pipeline sollte die relevanten strategischen Aspekte der Portfolio-Steuerung widerspiegeln.

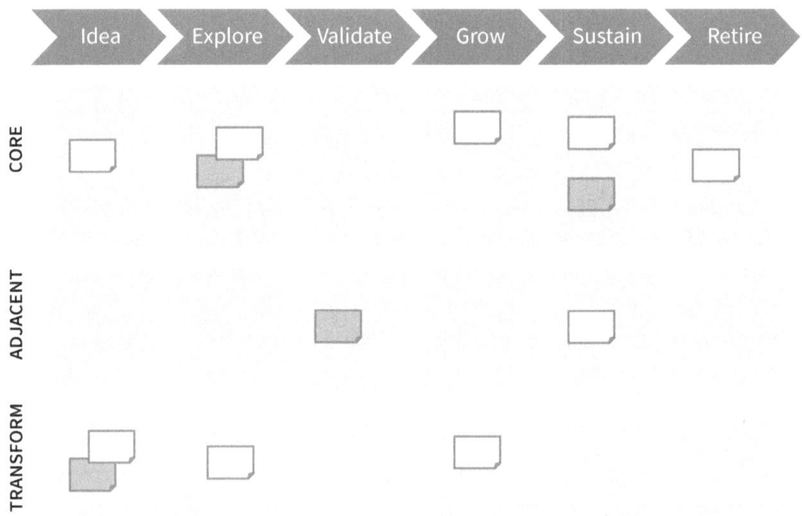

Abb. 15: Portfolio-Pipeline

- **Zeitachse:** Der aktuelle Planungshorizont (z. B. das aktuelle Release) steht im Zentrum, ggf. werden zukünftige Steuerungsabschnitte – als Themenspeicher – abgebildet.
- **Phasen:** Die Steuerungsphasen des Produktlebenszyklus – alternativ des Entwicklungsprozesses – gliedern den Ablauf horizontal. Ggf. werden wichtige Entscheidungspunkte als Meilensteine im Ablauf abgebildet. Alternativ können auch Lieferzyklen mit einer festen Taktung, bspw. Scrum Sprints oder Iterationen, genutzt werden.
- **Segmente:** Die Portfoliosegmente, z. B. nach Innovationsgrad (Core/Adjacent/Transformational) oder alternativ nach Kundengruppe o. ä., können als vertikale Gliederung – als sogenannte Schwimmbahnen – abgebildet werden. Die relative Breite der Bahnen gibt Auskunft über die jeweilige Gewichtung des Segmentes im Prozess.

- **Indikatoren:** Der Verlauf kann mit Schlüsselkennzahlen überwacht werden – Anzahl der Nutzer, Umsatz, in der Entwicklungsphase offene Anforderungen oder Anzahl der bekannten Fehler. Die Indikatoren können phasenabhängig variieren.
- **Projekte und Produkte:** das wichtigste Element zweifellos – Die Projekte wandern durch den Prozess, die Karten auf dem Board sind nur Verweise. Jedoch können die Farbe und auch die Größe der Karte Prioritäten, Status oder einfach auch nur die Größe des Vorhabens sichtbar machen.

ARBEITSMATERIALIEN

- In welcher Phase des Produktlebenszyklus befindet sich Ihr Produkt?
- Wie sieht Ihre Portfolio-Pipeline aus? (Segmente, Kandidaten)

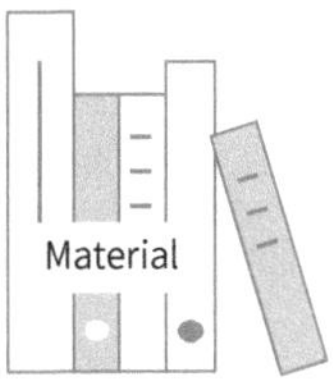

- The Lean Product Lifecycle: A playbook for making products people want; Tendayi Viki; Craig Strong (2018)
- The Principles of Product Development Flow: Second Generation Lean Product Development; Donald G. Reinertsen (2009)
- Tesla Modell 3 Production Hell: https://www.industryweek.com/operations/continuous-improvement/article/22021117/tesla-will-have-a-tough-time-ramping-up-production-heres-why

5 Lean Startup – Versuch und Irrtum als Methode

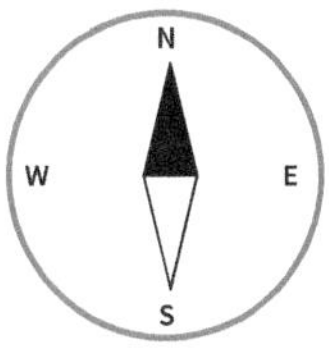

Die iterativ-inkrementelle Vorgehensweise ist ein fortlaufender Lernprozess. Das Scheitern ist dabei unvermeidlich und wichtig. In diesem Kapitel geht es darum, wie das Experiment als Arbeitswerkzeug in der Produktentwicklung genutzt wird.

- Den Lösungsraum erkunden – oder scheitern wir zu selten?
- Lean Startup als Entdeckungsverfahren
- Minimum Viable Product – das Experiment als unternehmerische Entscheidung

Niemand scheitert gerne. Wenn wir merken, dass wir uns geirrt haben, wenn wir erkennen, dass unsere Lösungen nicht funktionieren, dann ist das ernüchternd. Wir liegen daneben und müssen die Niederlage verdauen, aufstehen, einen Schritt zurückgehen und einen neuen Anlauf wagen. Scheitern als Erfolg – das scheint absurd. Doch genau dies ist die zentrale Idee des agilen Ansatzes: die Methode *Versuch und Irrtum.* »Fail early, often and cheap« Scheitere früh, häufig und günstig).

In diesem Kapitel betrachten wir das Scheitern aus zwei Perspektiven. Im ersten Schritt geht es um Versuch und Irrtum als Methode. Es ist der Weg, der vom Bekannten in das Unbekannte hineinführt. Das Scheitern ebenso wie das Gelingen bringen Licht in das Unbekannte. Das mutige Experiment führt auf unbekanntes Terrain, ist notwendig, um das Neue zu treffen. Was lässt sich zu dem Verhältnis von Erfolg und Misserfolg sagen? Gibt es eine optimale Rate des Scheiterns?

Im zweiten Schritt geht es um die Werkzeuge, um das Scheitern als Methode in der Produktentwicklung einzusetzen. Wie lässt sich sicherstellen, dass die Experimente neue Erkenntnisse liefern? Welche Leitplanken sind hilfreich, um die Passung zwischen Produkt und Markt – den Product-Market Fit – zu gestalten? Und wie hilft das Minimum Viable Product dabei, eine gute Balance zwischen Kosten und Nutzen des Scheiterns zu finden?

5.1 Der blinde Fleck

Nokia traf auf das unerwartet Neue im Jahr 2007. Seit den 90er Jahren war der finnische Hersteller von Mobilfunkgeräten unangefochtener Weltmarktführer. Über viele Gerätegenerationen war es Nokia gelungen, mit dem bewährten Technologiemix hochprofitabel den boomenden Markt anzuführen. Doch mit dem iPhone blieb im

Markt für Mobiltelefone nichts, wie es war. Dem bisher in diesem Markt völlig unbekannten Hersteller Apple gelang es in kürzester Zeit, den ehemaligen Marktführer zu verdrängen. Das Smartphone war in jeder Hinsicht eine disruptive Innovation – eine vom Marktführer übersehene Nischenlösung trifft auf eine schnell wachsende Nachfrage. Der Neuling durchdringt den Markt schnell, grundlegend und unumkehrbar.

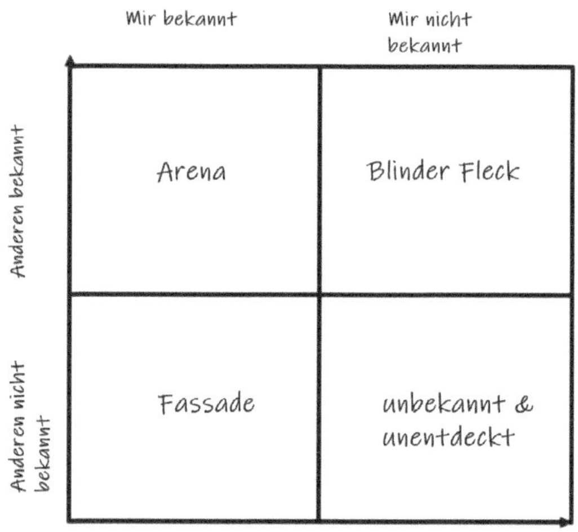

Abb. 16: Das Johari-Fenster

Die Suche nach neuen Informationen und Erkenntnissen greift über das Bekannte und Vertraute hinaus. Die explorative Suche hat einen klaren Fokus: Es geht um den blinden Fleck unserer Wahrnehmung. Das Johari Fenster markiert diese Fläche: Es geht um die Informationen, die ich nicht kenne, die jedoch verfügbar sind. Der blinde Fleck schrumpft durch den Austausch, das Unbekannte verringert sich durch das Experiment. Wir tasten uns voran, indem wir ausschließen und eingrenzen. Auf diese Weise wächst das Wissen und die weißen Flecken werden kleiner. Wir lernen.

Der blinde Fleck am Beispiel Royal Air Force

Die britische Royal Air Force führte im zweiten Weltkrieg ein Projekt unter Leitung des Mathematikers Abraham Wald durch mit dem Ziel, die Anzahl der über feindlichem Gebiet abgeschossenen Flugzeuge zu verringern. Das Team aus Ingenieuren und Mathematikern begann mit einer Analyse der bekannten Schäden. Aus den Einschüssen und Beschädigungen der zurückkehrenden Maschinen schlossen sie auf die verwundbaren Bereiche an Rumpf und Tragflächen. Doch die daraufhin angebrachten Verstärkungen zeigten keine Wirkung. Die Anzahl der nicht zurückkehrenden Flugzeuge blieb unverändert hoch. Erst als das Team die Perspektive wechselte und sich von den bekannten auf die unbekannten Informationen konzentrierte, gelang der Durchbruch. Es reichte nicht, nur auf die bekannten Schwachstellen zu reagieren. Der blinde Fleck der Forscher bestand darin, dass die Datenanalyse zu Beginn nur auf der Basis der zurückgekehrten Flugzeuge durchgeführt wurde. Damit jedoch blendete die Forschung die gescheiterten Flüge aus und übersah so die Ursache für die Abstürze. Es musste gelingen, aus den bekannten auf die unbekannten Schwächen zu schließen. Was ließ sich aus den Schäden an den zurückkehrenden Maschinen lernen über die Schäden an den Maschinen, die nicht zurückgekehrt waren? Die Schäden an den zurückkehrenden Flugzeugen waren nicht kritisch, schließlich konnten sie noch zurückkehren. Die Schlussfolgerung: Es waren die Flächen ohne Schäden, die auf die eigentlichen Schwachstellen hinwiesen. Maschinen, die an diesen Stellen getroffen wurden, kehrten nicht zurück. Dieser Perspektivwechsel – weg von der Verbesserung der bekannten Schwächen hin zum Unbekannten – zeigte sofort Wirkung. Das schrittweise Eingrenzen des Unbekannten, das explorative Ausprobieren von Lösungsansätzen waren die entscheidenden Schritte. Schnell gelang es der Royal Air Force auf diese Weise, die Anzahl der vermissten Flugzeuge zu verringern.

Scheitern wir zu selten? Was lässt sich über das Verhältnis von Erfolg und Misserfolg sagen? Eine optimale Rate des Misserfolges ist analytisch schwer herzuleiten. Jedoch den meisten von uns ist das intuitive Vorgehen seit Kindertagen vertraut. Am Beispiel des Kinderspiels *Memory* haben wir gelernt, dass Scheitern ein wichtiger Bestandteil einer guten Erfolgsstrategie ist. Das Spiel ist schnell erklärt: Eine Anzahl von etwa 50 paarweisen Bildkarten liegt verdeckt auf dem Tisch. Die Spieler versuchen möglichst viele Bildpaare zu finden, indem reihum jeweils zwei Karten aufgedeckt werden. Natürlich ist das Erinnerungsvermögen der wichtigste Erfolgsfaktor. Abgesehen davon, welche Strategie ist sinnvoll? Wir freuen wir uns über jedes gefundene Bildpaar, doch wir sollten uns nicht auf den Zufall verlassen. Wie lernen wir die Position der Karten kennen?

Die optimale Strategie ist -theoretisch – einfach. Am Anfang decken die Spieler solange unbekannte Karten auf, bis das gesamte Feld offen liegt. Anschließend benötigen sie die gleiche Anzahl Züge, um mit den vollständigen Informationen das Spielfeld abzuräumen. Anders formuliert, die optimale Rate des Scheiterns beträgt 50 %. Die Fehlversuche liefern wichtige Informationen. Nur wenn die Spieler früh und häufig danebengreifen, entdecken sie das notwendige Wissen, um anschließend die Karten einzusammeln. Scheitern wir häufiger, dann nutzen wir die bereits bekannten Informationen nicht gut und sollten besser aufpassen. Scheitern wir seltener, lernen wir zu langsam und das Spiel dauert länger als notwendig.

5.2 Lean Startup - ein kontinuierliches Experiment

Das zentrale Element des Prozesses ist das Experiment. Eine kontinuierliche Abfolge von Entwickeln, Liefern und Verbessern. Dieser Lernprozess ist die Kernkompetenz in der Suche nach neuen Produkten und besseren Lösungen. Je häufiger wir den Lernzyklus durchlaufen, je früher wir Feedback erhalten, desto eher erkennen wir Abweichungen, entdecken wir Möglichkeiten. Lean Startup - so der Name einer Methode - überträgt diesen einfachen Gedanken auf die Entwicklung von Produkten und Unternehmen.

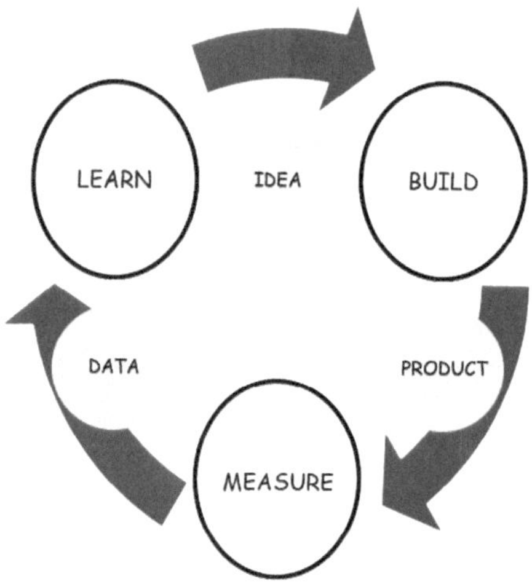

Abb. 17: Der Lean-Startup-Zyklus

Die Idee ist der kreative Impuls, mit dem die Lernschleife vorangetrieben wird. Die Umsetzung liefert hieraus ein nutzbares, bewertbares Ergebnis. Je schneller das Produkt in die Nutzung gelangt, desto besser. Aus den Rückmeldungen, aus den Beobachtungen lassen sich die Idee und die Umsetzung bewerten. Die zyklische Arbeitsweise ermöglicht es, Maßnahmen zu überprüfen, Änderungen auf ihre Wirksamkeit hin zu bewerten. Die Daten sind die Grundlage, um Schlüsse zu ziehen und Verbesserungen zu erkennen. Dies ist der Start in die nächste Iteration.

Der Lean-Startup-Zyklus übersetz die iterativ-inkrementelle Arbeitsweise in die Entwicklung von Produkten. Die gute Idee birgt jedoch ein paar Herausforderungen.

Wie lassen sich Ergebnisse eines Produktexperimentes bewerten? Welche Kriterien helfen, den Kurs zu setzen und relevante Informationen zu gewinnen? Wie lässt sich sicherstellen, dass es in die richtige Richtung voran geht? Im Kern ist die fortgesetzte Schleife aus Versuch und Irrtum ein Feedbackprozess. Diese Lernschleife gelingt nur, wenn es relevante Rückmeldungen gibt. Für die Produktentwicklung im Innovationssegment bedeutet dies, erst im Kontakt mit dem Nutzer, erst im Einsatz am Markt können Ergebnisse bewertet und Ideen validiert werden.

Die Lean Management-Praxis des *Gemba* – Gehe dorthin, wo der Kunde ist, also zum eigentlichen Ort des Geschehens– bedeutet, dass wir das Büro und das Labor verlassen, dass wir die Innensicht des Teams zurückstellen und die Stimme des Nutzers, das Feedback vom Markt im Zentrum stehen. Auch *Get out of the Building*, oder kurz GOOTB, bringt den Grundgedanken auf eine prägnante Formel: Gehe hinaus, beobachte die Probleme dort, wo sie auftreten, starte bei den Bedürfnisse deiner Kunden und Nutzer. Agile Produktenwicklung lebt vom Kontakt zum Markt.

- Auf der Suche nach dem Kunden von morgen ist der Kunde von heute nicht immer hilfreich. Die aktuelle Produktversion überlagert die Rückmeldungen. Innovative Idee gehen auf diese Weise schnell verloren. Die Produktentwicklung muss als Trendscout im Markt agieren und die Kontakte zu zukünftigen Nutzern aufbauen. Die Idee des Early Adopters, also des neugierigen und mutigen Pioniernutzers, wird uns in Kapitel 6 (User-centric Design) beschäftigen.
- Die direkte Kommunikation mit dem Markt kann sich nicht auf die etablierten Kanäle wie Vertrieb und Service beschränken. Die schnelle und ungefilterte Rückmeldung ist wichtig, um offen über das mögliche, zukünftige Produkt zu sprechen und Lösungsmöglichkeiten im Dialog zu erkennen. Die Produktentwicklung benötigt einen direkten Zugang zum Markt.
- Die frühe und häufige Lieferung ist nicht immer möglich. Die technische Integration, das Sicherstellen der notwendigen Qualität oder auch infrastrukturelle Vorarbeiten verzögern das Messen und Verbessern. Eine modulare Produktarchitektur und leistungsfähige Prozesse sind notwendig, um den Lean-Startup-Zyklus zu durchlaufen.

Natürlich sind auch agile Teams nicht davor geschützt, Irrtümer zu begehen und Fehler zu machen. Der Vorteil des agilen Ansatzes ist es, diese Irrtümer und Fehler früh zu erkennen und zu reagieren. Das ist nicht immer leicht, schließlich müssen wir dafür das Scheitern eingestehen und Veränderungen vornehmen. Dabei gehen bequeme Vermutungen und liebgewonnene Ideen über Bord. Das *Pivoting*, die Bereitschaft zum Umsteuern und Anpassen, ist entscheidend. Zahlreiche Beispiele finden sich im Start-up-Umfeld für die konsequente Anpassung der angebotenen Funktionalität, der adressierten Zielgruppe und des Preismodells. Vor dieser radikal opportunistischen Vorgehensweise ist selbst der scheinbar unantastbare Markenkern nicht geschützt.

Google: Don’t be evil!

»Don’t be evil« – Sei nicht böse: Das klare Bekenntnis stand am Anfang der einzigartigen Erfolgsgeschichte von Google. Als das Unternehmen 1998 mit seiner Suchmaschine an den Start ging, war es der innovative Page-Rank-Algorithmus, der das Start-up auszeichnete. Die beiden Gründer Larry Page und Sergey Brin verstanden ihr Angebot als unabhängige, allein dem Nutzer verpflichtete Alternative zu den werbefinanzierten Internetportalen der späten 90er Jahre. Die Sammlung und Auswertung der Google-Nutzerdaten sollte allein dazu dienen, die Suchergebnisse zu verbessern. Doch mit der platzenden dot.com-Blase am Beginn des neuen Jahrzehnts wurden die Investoren ungeduldig und forderten auch von Google Gewinne. Die Koppelung der Suchmaschine mit zielgerichteter, auf den Nutzer zugeschnittene Werbung war die entscheidende Wende. Mit dem Geschäftsmodell änderte sich auch die Beziehung zum Nutzer. Spätestens ab dem Jahr 2003 begann Google das *User Profiling*, also das Sammeln von Nutzerdaten, massiv auszudehnen. Dabei ging es nicht mehr um die Verbesserung der Suchergebnisse. Stattdessen stand nun das Vermarkten des Nutzerprofils für die Werbekunden im Mittelpunkt. Google baute das Geschäftsmodell radikal um – von nun an stand das Sammeln und Auswerten von Nutzerdaten zum Zwecke der Werbeplatzierung im Vordergrund. Der möglichst vollständige Zugriff auf die digitale Datenspur, wenn notwendig auch ohne Zustimmung des Nutzers, wurde zum erklärten Ziel des Unternehmens. Das Geschäftsmodell des *Surveillance Capitalism* war geboren, also die möglichst umfassende Überwachung des Nutzers mit dem Ziel, das Verhalten vorherzusagen und im Sinne der zahlenden Werbekunden zu beeinflussen.

Pivoting ist eine Herausforderung, konzeptionell und emotional. Das Eingeständnis, dass die erste Lösungsidee nicht funktioniert hat, ist schmerzhaft. Liebgewonnene Eigenschaften, scheinbar selbstverständliche Annahmen müssen hinterfragt und möglicherweise zurückgelassen werden. Mindestens ebenso schwierig, wie lässt sich die Fehlentwicklung frühzeitig erkennen? Ähnlich wie Google den Druck der Investoren nachgab, so sollte die Produktentwicklung die Rückmeldungen aus dem Markt und den Kunden aktiv und früh suchen. Diese Outside-In-Perspektive, also der Blick von außen auf das Produkt, ist entscheidend, um Fehlentwicklungen und blinde Flecken rechtzeitig zu erkennen. Erst im Kundendialog lernen wir die Schwächen und Stärken des Produkts kennen.

- Was würde unser Wunschkunde an unserem Angebot nicht vermissen?
- Was ist für unsere Nutzer an unserem Angebot besonders, interessant, wichtig? Was nicht?
- Gibt es andere Zielgruppen oder Märkte, die wir mit unserem Angebot adressieren können?
- Gibt es Dienstleistungen und Kombinationen mit anderen Angeboten, die die Attraktivität des Produkts steigern könnten?
- Wie lassen sich die zentralen Eigenschaften des Produkts mit geringeren Kosten oder anderen Herstellungsverfahren bereitstellen?

5.3 Product-Market Fit – das Produktangebot am Bedarf ausrichten

Der Lernzyklus muss ins Laufen kommen, ein Einschwingen und Justieren des Prozesses ist wichtig. Dabei ist die Abfolge der Experimente von Bedeutung. Ein blindes Tasten und Suchen mag zu Beginn hilfreich sein, um sich zu orientieren. Doch aus dem tastenden Versuchen müssen Lösungskonzepte erwachsen. Die Rückmeldungen, die gewonnenen Informationen sind das Rohmaterial für den nächsten Zyklus. Die Lernschritte bauen aufeinander auf. Das Produkt entwickelt sich von der Idee zur Lösung.

Die Kette der Experimente startet bei den Nutzern, bei ihren Problemen und Bedürfnissen. Von hier aus schreiten die Experimente voran in Richtung eines Lösungsansatzes. Ziel ist es, eine Passung zwischen den Anforderungen der Nutzer und den Eigenschaften der angebotenen Lösung zu finden. Die beiden Seiten der Aufgabe, also zum einen das Verstehen und Fokussieren im Problemraum und zum anderen das Gestalten und Umsetzen im Lösungsraum, folgen einer unterschiedlichen Logik und benötigen unterschiedliche Experimente.

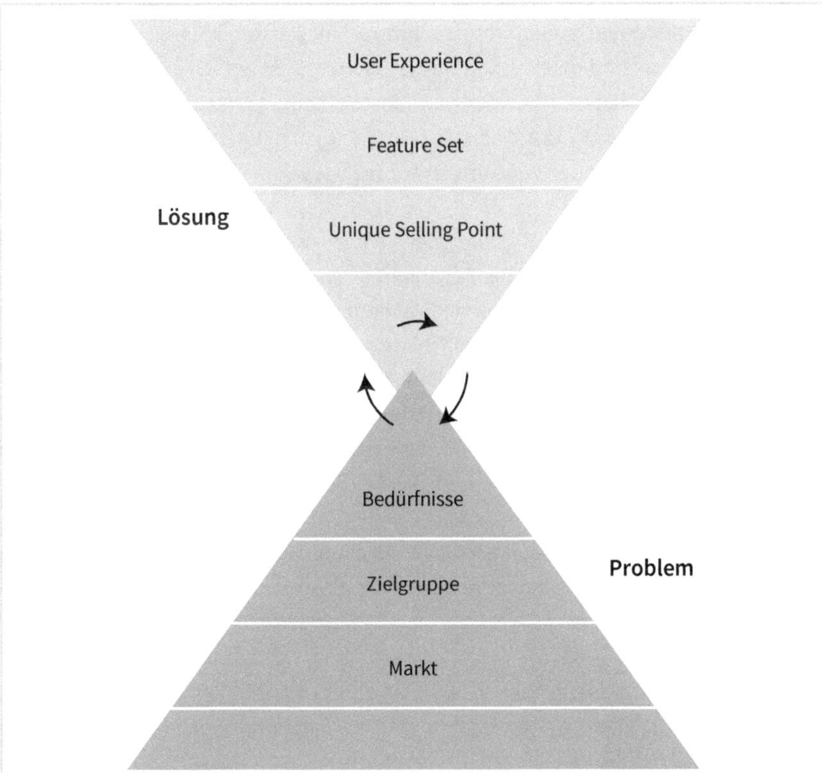

Abb. 18: Product-Market Fit

Der Problemraum: Im Zentrum stehen das Erkennen und Verstehen von Bedürfnissen und Problemen. Die Experimente sind explorativ ausgerichtet. Sie sind ein tastendes Beobachten, Hinterfragen und Verstehen mit dem Ziel, Vermutungen und Arbeitshypothesen zu entwickeln. Der weite, offene Horizont wird durch Experimente verdichtet. Indem Vermutungen überprüft werden, fallen Möglichkeiten weg, der Fokus auf ein relevantes Problem, ein Kundenbedürfnis kristallisiert sich heraus. Die Suche im Problemraum läuft vom Groben zum Feinen. Die Experimente sind wertvoll, wenn sie helfen, den Möglichkeitsraum durch Ausschließen und Konkretisieren zu fokussieren.

- **Der Markt**: Die Abgrenzung des relevanten Marktes sollte Klarheit geben über Branche, Region und Wettbewerber. Die Experimente zielen darauf, den Markt und die Mitbewerber zu verstehen. Mit welchen Produkten und Anbietern treten wir in den Wettbewerb? Wie aggressiv verteidigen die etablierten Spieler ihre Marktposition? Welche Hürden gibt es für neue Anbieter - technologisch, finanziell, regulatorisch? Wie entwickelt sich der adressierte Markt: wachsend, stagnierend, schrumpfend? Welche Margen, welche Profitabilität erzielen die etablierten Wettbewerber?
- **Die Zielgruppe**: Der Kontakt mit dem potenziellen Kunden ist entscheidend. Wir brauchen einen Dialog mit den relevanten Personen, um Probleme zu verstehen und Bedürfnisse zu erkennen. Die Zielgruppe lässt sich beschreiben und bewerten. Die Experimente zielen auf quantitative, messbare Eigenschaften wie Alter, Beruf, Familienstand und Kaufkraft. Ebenso wichtig ist jedoch das qualitative Verständnis für Vorlieben, Abneigungen, Einstellungen, Erwartungen und Befürchtungen. Die Fokussierung auf eine Zielgruppe sollte mit dem Blick auf den zukünftigen Nutzer, den Kunden von morgen erfolgen. Wer kann uns Auskunft geben über den Markt von morgen?
- **Die Bedürfnisse**: Mit der Ableitung der Bedürfnisse treten wir langsam aus dem explorativen Modus heraus. Die Experimente spiegeln unser Verständnis der Zielgruppe wider. Die Annahmen werden validiert. Eine Herausforderung dabei: Nicht immer sind dem Nutzer diese Bedürfnisse bereits bewusst. Implizite Anforderungen und Wünsche müssen durch qualitative Daten aus Interviews und Beobachtungen interpretiert werden. Immer wichtiger wird die Bewertung der Bedürfnisse als Marktnachfrage. Wie stabil sind die Probleme? Erschöpft sich das Verlangen oder ist es nachhaltig, vielleicht sogar ein wachsendes Bedürfnis?

Der Lösungsraum: Mit dem Verständnis für die Bedürfnisse der Zielgruppe lässt sich das Lösungskonzept konkreter formulieren. Die Experimente zielen auf die Validierung unserer Vermutungen. Der explorative Dialog wird zunehmend ersetzt durch das Ausprobieren von konkreten Lösungsangeboten. Der schnelle Zyklus von Build-Measure-Learn ist strikt empirisch. Es geht um überprüfbare Hypothesen und bewertbare Ergebnisse. Je klarer wir die Experimente mit Ergebniserwartungen verknüpfen, desto besser gelingt die Validierung der Lösungskonzepte.

- **Unique Selling Point** - das Lösungskonzept in 60 Sekunden. Was wollen wir anbieten? Wer braucht das und warum? Wie setzen wir uns am Markt durch und wie

werden wir profitabel? Die strategische Positionierung des Produkts muss überzeugen, uns und andere. Die Positionierung fasst die Erkenntnisse über den Problemraum in einer konkreten, relevanten und attraktiven Lösung zusammen.
- **Feature Set** – Das Lösungskonzept wird übersetzt in Funktionen und Eigenschaften. Für die Umsetzung braucht es Anforderungen. Eine Herausforderung dabei: die Komplexität des Produkts klein halten und zugleich den Lerneffekt maximieren. Wie lässt sich mit minimalem Aufwand der größte Lerneffekt erzielen? Die Suche nach dem Minimum Viable Product, der kleinstmöglichen, nutzbaren Produktkonfiguration, beginnt.
- **User Experience** – Wie kommt das Produkt zum Kunden? Welche Kontaktpunkte gibt es zwischen Kunde und Anbieter auf der Strecke von Bedürfnis bis Lösung, welche Erfahrungen macht der Nutzer bei Auswahl, Kauf und Nutzung des Produkts? Die Anmutung des Produkts, die Wahrnehmung des Prozesses sind wichtige Elemente, um das Bedürfnis der Nutzer zu befriedigen, die Nachfrage zu wecken und das Angebot hervorzuheben.

Die Ableitung von Experimenten ist ein wichtiger Schritt, um neue Erkenntnisse zu gewinnen und aus der tastenden Suche in eine zielgerichtete Umsetzung zu gelangen. Die Diskussion im Team, der Ideenaustausch mit den Experten gehören dazu, um die richtigen Experimente zu finden – also Experimente, die eine gute Balance von Aufwand und Erkenntnis haben. Jedes Experiment lässt sich als Investment verstehen:
- **Produktidee:** Was ist unsere Idee, in welchem Zusammenhang wollen wir das Experiment durchführen?
- **Annahmen:** Auf welchen Annahmen basiert die Idee? Was wissen wir bereits über das Problem, den Kunden, den Markt?
- **Vermutungen:** Welche Annahme müssen wir überprüfen? Falls wir x tun, wird y geschehen in z % der Durchführungen.
- **Experiment:** Wie wollen wir das Experiment durchführen? Die Fragen – wer, wann, wo, wie, mit welchen Ergebnissen? Welche Kriterien und Messgrößen wollen wir verwenden, um das Ergebnis zu bewerten?
- **Ergebnisse:** Welche Ergebnisse haben wir erhalten? Was haben wir erwartet? Was war unerwartet?
- **Schlussfolgerung:** Wie bewerten wir die Ergebnisse? Was sind die nächsten Schritte?

5.4 Minimum Viable Product – den Lerneffekt maximimieren

Das Minimum Viable Product (MVP) zielt auf den maximalen Lerneffekt mit dem geringstmöglichen Aufwand. Das Besondere dabei: Das MVP zerlegt die Produktinvestition in kleine Arbeitsschritte, die schrittweise jeweils die kritischste Unsicherheit angehen. Das MVP ist eine unternehmerische Entscheidung.

Was ist notwendig, was ist verzichtbar: MVPs können über den gesamten Lebenszyklus genutzt werden, um Informationen zu gewinnen. Es sind Experimente, die auf fachliche Fragen ebenso wie auf technische Herausforderungen oder organisatorische Rahmenbedingungen abzielen können. Die Idee, das Produkt in kleinen Schritten umzusetzen und früh am Markt zu testen, ist nicht neu. Aber die technischen Möglichkeiten, mit wenig Aufwand erste Ergebnisse zu liefern, sind durch die Digitalisierung deutlich einfacher geworden. Bei der Suche nach dem MVP lassen sich die Erfahrungen der digitalen Start-ups gut als Anregung nutzen.

MINIMUM VIABLE PRODUCT: FAIL EARLY, FAIL CHEAP

Wizard of Oz	Der Begriff Minimum Viable Product geht auf den Gründer Eric Ries des amerikanischen Online-Retailers zappos.com zurück. Die Idee »Schuhe online verkaufen« traf bei den Investoren zu Beginn der 2000er Jahre auf große Skepsis. Die erste Finanzierungsrunde drohte zu scheitern. Ries liefert einen MVP, der anschließend unter dem Namen »Wizard of Oz« in der Startup-Szene die Runde machte. Die erste Website war eine Fassade, dem Nutzer wurde ein Online-Schuhhandel vorgetäuscht, im Hintergrund lief ein vollständig manueller Abwicklungsprozess. Das MVP-Experiment zielte allein auf die kritische Frage: »Gibt es Kunden, die Schuhe im Internet kaufen?« Das Experiment war ein voller Erfolg. Zappos entwickelt sich in den folgenden Jahren zu einem milliardenschweren Internetunternehmen.
Smoke Test	Eine noch einfachere Variante des MVP-Ansatzes verwendete dropbox.com. Ein YouTube-Video diente als Smoke Test. Die kurze Videosequenz vermarktete den Cloudservice, bevor das Produkt existierte. Die große Resonanz auf das Video und die unterstützende Google-AdWords-Kampagne waren der Startschuss für die Umsetzung.
Sell before you build	Eine Variante ist unter den Namen »Sell before you build« bekannt. Das MVP zielt auf potenzielle Investoren. Eine Crowdfunding-Kampagne überprüft das Interesse der möglichen Finanziers vor dem Entwicklungsbeginn. Tesla vermarktete das »Modell 3« lange vor Produktionsbeginn. Die interessierten Kunden zahlten 1000 $ als ›Anzahlung‹, bevor es das Produkt überhaupt gab.

Single Feature Product	Auch bei der Hardware- oder Serviceentwicklung lässt sich der MVP-Ansatz nutzen. Single Feature Products wie der Amazon Kindle in schwarz-weiß und ohne Internetverbindung sind Beispiele, wie das unternehmerische Risiko durch Produktexperimente schrittweise reduziert werden kann.
Concierge	Auch Dienstleistungen lassen sich auf diese Weise testen. Die Geschäftsidee »Food-on-the-Table« kombiniert Kochrezepte mit Einkaufslisten und Lieferservice. Die ersten Kunden jedoch wurden vollständig manuell und persönlich betreut. Die Erfahrungen aus diesen Concierge-MVPs waren die Grundlage für die anschließende Vermarktung und Prozessautomatisierung.

Wie sieht es mit den Qualitätsanforderungen an das Minimal Viable Product aus? Bedeutet das schnelle Liefern, dass Qualitätsansprüche zurückgestellt werden? Für viele Unternehmen ist die hohe Qualität der Produkte nicht verhandelbar. Gerade im Anlagen- und Maschinenbau sind zuverlässige Fehlerfreiheit und Wertigkeit nicht nur wichtig, um sich von der Konkurrenz abzuheben. In vielen Unternehmen gehört die Qualitätskultur zum Selbstverständnis der Mitarbeiter. Wie lässt sich dieser Zielkonflikt auflösen, nicht nur schnell, sondern auch mit hoher Qualität zu liefern? Ein Ansatz aus der Softwarefertigung kann als Anregung dienen. Die Aufteilung in Alpha-, Beta- und Gamma-Releases hilft, die funktionale Entwicklung mit hoher Geschwindigkeit voranzutreiben, aber zugleich Kontrolle über die bereitgestellte Qualität zu behalten.

- **Alpha-Release**: Dies sind sehr frühe Prototypen. Die Alpha-Releases bleiben in der Entwicklungsabteilung. Die Einbindung von zukünftigen Nutzern und Testern geschieht nur im Labor – also keine echten Daten, keine realen Bearbeitungsfälle, der Produkt-Output verlässt den Raum nicht.
- **Beta-Release**: Dies sind stabile Lieferungen, die jedoch bekannte Einschränkungen haben. Das können funktionale Lücken sein, aber auch akzeptierte, nicht kritische Mängel. Beta-Releases gehen nur an qualifizierte Nutzer und Anwendungsfälle raus. Kritische Eigenschaften sind erfüllt, die Beta-Nutzung ist ein Test durch kompetente und informierte Nutzer, mit dem Ziel, unbekannte Fehler zu entdecken.
- **Gamma-Release**: der letzte Schritt vor der Serienfertigung oder dem Regelbetrieb. Das Produkt ist marktreif. Die Qualität ist durchgetestet und stabil. Das Gamma-Release dient der Akzeptanzsicherung vor dem Markteintritt bzw. vor der regulären Nutzung. Kritische Fehler oder Qualitätsmängel sollten hier nicht auftauchen.

Blog

Modulare Produktarchitekturen und Lieferprozesse, die ein Continuous Delivery anstreben, sind wichtige Elemente, damit die Arbeit mit MVP-Experimenten gelingt. Im Blog »Sprint Zero« geht die Diskussion weiter mit Beispielen und aktuellen Entwicklungen.
www.c43p.de

Die MVP-Diskussion entstammt unverkennbar der Start-up-Kultur. Die schnellen Lieferungen sind mit jungen Produkten häufig leichter möglich. Die technische Komplexität ist noch gering und die Anforderungen aus Betrieb und Bestandsgeschäft überschaubar. Der MVP-Ansatz kann so leicht umgesetzt werden. Doch wie sieht es bei gewachsenen Produkten mit komplexer Architektur und umfangreichen Abhängigkeiten aus? Eine wachsende Zahl von Produktteams übersetzt den MVP-Gedanken kreativ auch auf Produkte im Anlagebau oder auf Produkte in regulierten Märkten. Ansätze hierfür sind beispielsweise:

- **Prototypen** – Die Arbeit mit Prototypen erlaubt es, Alpha-Versionen frühzeitig bereitzustellen. Der 3-D-Drucker liefert Designs oder auch einfache funktionale Entwürfe, Elektrobaukästen wie Arduino ermöglichen einfache Integrationen von Hardware und Software. Modelle aus Papier und Pappe helfen dabei, die Nutzersicht auf das neue Produkt zu testen.
- **Simulationen** – Simulationen der zukünftigen Nutzung in virtuellen Umgebungen sind eine populäre Möglichkeit, Rückmeldung vor der Umsetzung einzuholen. Nicht nur Architekturmodelle lassen sich mit einer 3-D-Brille im virtuellen Raum durchwandern. Auch bei der Gestaltung von Fabrikhallen, Messeständen, Steuerungscockpits und Bedienpanels werden verstärkt virtuelle Arbeitsumgebungen simuliert.
- **Modularisierung** – Eine modulare Architektur des Hardwareprodukts ist wertvoll, um den Produktkern als Basis für prototypische Erweiterungen zu nutzen. Standardisierte Schnittstellen und Integrationspunkte erleichtern die flexible, frühe Integration. Die internationale Raumstation ISS ist ein beeindruckendes Beispiel, wie eine solche Koppelung von Bauteilen aus unterschiedlicher Herkunft und Reifegraden gelingen kann.

ARBEITSMATERIALIEN

- Wie gut gelingt der Product-Market Fit – ist ein Pivoting notwendig?
- Was ist Ihr Minimum Viable Product? Welche Erwartungen haben Sie an das Experiment?

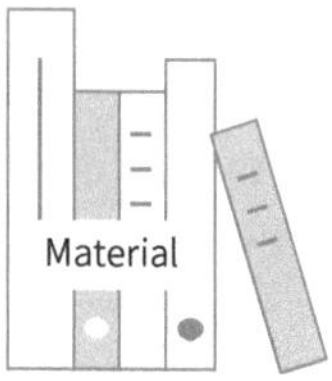

- The Age of Surveillance Capitalism: The Fight for the Future at the New Frontier of Power; Shoshana Zuboff (2019)
- The Lean Product Playbook: How to Innovate with Minimum Viable Products; Dan Olsen (2015)
- The Lean Startup: How Today's Entrepreneurs Use Continuous Innovation to Create Radically Successful Businesses; Eric Ries (2011)
- Johari Fenster: https://de.wikipedia.org/wiki/Johari-Fenster
- Lean Startup: http://theleanstartup.com

6 User-centric Design – der Nutzer im Fokus

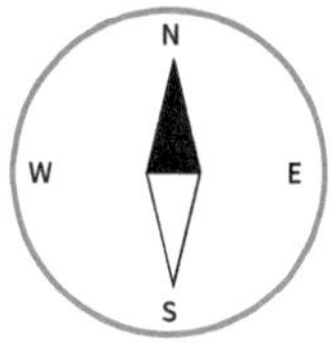

Agile Produktentwicklung startet beim Nutzer. Wie lässt sich das Produkt aus der Nutzerperspektive entwickeln? – User-centric Design: In diesem Kapitel geht es um die Suche nach den richtigen Anforderungen.

- Wie können wir Bedürfnisse erkennen und verstehen?
- Was ist ein Pionierkunde und wie nehmen wir Kontakt auf?

Wir haben in den vorherigen Kapiteln die agile Vorgehensweise und die Lean-Prinzipien betrachtet. Auch die Idee, das Produkt in einem Lebenszyklus zu betrachten, haben wir kennengelernt. Doch wie geht es los? Wo starten wir? Agile Produktentwicklung stellt den Kunden ins Zentrum. Es beginnt bei den Bedürfnissen und Problemen unserer Nutzer. In diesem Kapitel sprechen wir über den User-centric-Ansatz. Es geht um Werkzeuge und Vorgehensweisen, die helfen, den Kunden kennenzulernen und Anforderungen zu entdecken. Der Weg zum Kunden ist nicht immer offensichtlich, manchmal sind es Zufälle, die uns überraschende Einsichten liefern.

Wie eine Elfjährige Joanne K. Rowling zu Weltruhm verhalf

An einem regnerischen Nachmittag des Jahres 1996 machte sich der Verlagsmitarbeiter Nigel Newton auf den Heimweg. Bevor er das Büro verließ, packte er sich die etwa 50 Seiten eines neuen Manuskriptes ein. Er hatte versprochen, sie zu lesen. Er war nicht sehr zuversichtlich, dass sich die Arbeit lohnen würde. Schließlich hatten zuvor mehrere andere Verlage die Veröffentlichung abgelehnt. Daheim legte er die Blätter auf den Schreibtisch und vergaß sie. So landeten die Blätter nach einigen Tagen bei Alice, seiner elfjährigen Tochter. Nachdem sie die ersten Seiten verschlungen hatte, ließ sie ihrem Vater keine Ruhe mehr. Sie war begeistert. Sie wollte das ganze Buch lesen und blieb hartnäckig. So kam es, dass Newton, eher widerwillig, der Autorin Joanne K. Rowling einen Vertrag anbot, schlecht bezahlt und für nicht mehr als 500 Exemplare. Diese Entscheidung erwies sich als Glückstreffer. Das Buch »Harry Porter: Der Stein der Weisen« wurde zum internationalen Bestseller.

6.1 Outside-In: gehe raus zum Kunden

User-centric Design macht sich auf die Suche nach den Nutzern von morgen. Der Ansatz: Je besser wir die Bedürfnisse verstehen, je früher wir Probleme erkennen, desto treffsicherer gelingt der Lösungsentwurf. Die Nähe zum Kunden ist Voraussetzung, um kreativ und erfolgreich Produkte zu entwickeln. Durch den intensiven Austausch mit dem Kunden von morgen lernen wir Anforderungen verstehen und können Lösungsentwürfe früh testen. Diese Outside-In-Perspektive, der Blick aus Sicht des Kunden, verringert das Risiko, am Bedarf vorbei zu entwickeln und Neuerungen zu übersehen. Der Dialog mit den Nutzern liefert frühe und belastbare Rückmeldungen. Schrittweise entwickelt sich die Lösung entlang der Anforderungen. Die Produkthypothese, die Vermutung, entwickelt sich, wird konkreter, schärfer und belastbarer.

»Get out of the Building!« – GOOTB! Gehe hinaus und triff deine Kunden. User-centric Design ist ein fortlaufender Dialog auf der Suche nach relevanten Problemen und Anforderungen. Dafür muss sich der Blick von den aktuellen Produkten und den bekannten Eigenschaften lösen. Das gelingt besser, wenn wir hinausgehen: in die Straßenbahn, ins Café oder an den Helpdesk, in die Werkstatt oder das Großraumbüro. Dort sehen und hören wir, nehmen teil und verstehen besser, sammeln Eindrücke und Anregungen. Wir lernen unseren Kunden kennen und bleiben im Gespräch. Die Suche nach dem Neuen startet, wenn wir aus der vertrauten, bekannten Umgebung hinaustreten, die Komfortzone verlassen. User-centric Design ist Kontaktsport.

6.2 Pionier-Kunden – die Innovatoren im Markt finden

Manchmal steht uns der eigene Erfolg im Weg. Etablierte Produkte, viele Kunden und gefüllte Auftragsbücher sind ein Segen für das Geschäft. Im Tagesgeschäft konzentrieren wir uns auf das aktuelle Produkt. Der Vertrieb, die Produktion und der Service stehen im Vordergrund und halten uns beschäftigt. Ohne Zweifel, der Kunde von heute steht im Zentrum des Tagesgeschäfts, er ist der direkte Kanal in die Anwendung, in den Markt. Eine lebendige Kundenbeziehung liefert Probleme, Wünsche und Anregungen für die Weiterentwicklung, ungefiltert und schnell. Ein wichtiger und ergiebiger Kanal, um Anforderungen zu sammeln und neue Lösungen zu entwickeln.

Doch die guten Zeiten mit prall gefüllten Auftragsbüchern und attraktiven Gewinnmargen sind nicht ohne Gefahr. Das Tagesgeschäft drängt sich in den Vordergrund, zieht die Aufmerksamkeit von Management und Mitarbeitern auf sich, bindet Kapital und Kapazitäten. Leicht geht dabei der Blick auf das Produkt von morgen und die nächste Kundengeneration verloren. Schnell nehmen die aktuellen Anforderungen aus Vertrieb, Produktion und Service den Raum ein und es bleibt kein Platz, um das Produkt weiterzuentwickeln und neue Ideen umzusetzen.

Warum scheiterte die deutsche Solarbranche?

Die deutsche Solarbranche in den 2000er Jahren mag als Beispiel für die fatalen Folgen der Konzentration rein auf die Gegenwart dienen. Die reichlich sprudelnden Förderprogramme der Energiewende bescherten den Anbietern übervolle

Auftragsbücher. Die stolzen Gewinne verleiteten jedoch nahezu die gesamte Branche dazu, ihre Investitionen in neue Produkte und Prozesse auf Sparflamme zu fahren. Im Vergleich zum Branchendurchschnitt der Anlagenbauer investierten die Solarbetriebe weit unterdurchschnittlich in das Produktportfolio von morgen. Das rächte sich bitterlich. Wenige Jahre später fegte die Konkurrenz aus Südostasien die veralteten Produkte und Prozesse mit erheblich geringeren Herstellungskosten vom Markt. Nur wenige deutsche Anbieter überlebten.

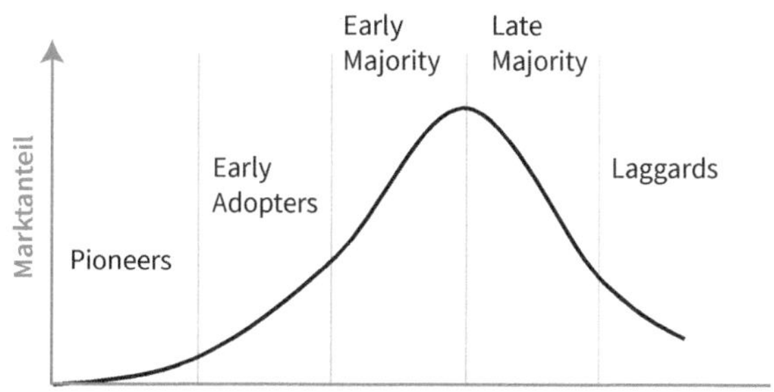

Abb. 19: Diffusion of Innovation

Warum Pioniere so wichtig sind

Mit dem Markteintritt kommen die ersten Kunden. Diese Pioniere sind neugierig und experimentierfreudig. Sie probieren die Lösung aus und wenn sie überzeugt sind, kommen sie wieder. Preis und Qualität haben für sie eine untergeordnete Bedeutung. Sie suchen eine neue, innovative Antwort auf ein relevantes Problem.

Die guten Erfahrungen der Pioniere sprechen sich rum. Es kommen neue Kunden dazu und die Nachfrage wächst. Die Early Adopter – Kunden, die sich früh den von Pionieren mitreißen lassen – bringen Volumen in das Geschäft und heben das Produkt in den Markt. Doch reicht es nicht, neue Kunden zu gewinnen. E geht zunehmend um die Bindung der Nutzer an das Produkt. Anders als die Pioniere haben die Adopter hohe Ansprüche an Funktionalität und Qualität, nur zufriedene Kunden kommen wieder. Für die Produktentwicklung geht es um den *Tipping Point,* also die die kritische Schwelle, an der die Nachfrage in ein nachhaltiges Wachstum eintritt.

Die stabile Nachfrage für das gereifte Produkt erfordert, dass wir die Zielgruppe durchdringen und den *Majority-Kunden gewinnen.* Das Produkt ist stabil – Preis und Qualität sind gesetzt und die Funktionalität verändert sich nur noch behutsam. Zuverlässigkeit und Stabilität – der Majority-Kunde will keine Veränderungen und hat wenig Toleranz für Abweichungen. Die Kundenanforderungen verändern sich nicht. Das Produkt steht im Wettbewerb mit anderen Anbietern und Lösungen. Für den Kunden zählen Preis und Qualität. Es wird schwieriger, eine Kundenbindung aufzubauen. Majority-

Kunden wechseln schnell, die Toleranz ist gering. Experimente und Innovationen sind nicht gewünscht.

Im reifen Markt wächst die Nachfrage kaum noch. Es geht um Kundenbindung, Wiederkäufer und die Schlafmützen. Die *Laggards* (Nachzügler) kommen spät, sie wollen das, was die anderen schon haben. Sie bringen wenig neue Impulse für die Weiterentwicklung und sind mit dem Bewährten zufrieden. Die Laggards sind träge, treu und lukrativ.

Auf der Suche nach dem Produkt von morgen brauchen wir Hilfe. Die frühen Kunden, die Pioniere, sind die Pfadfinder für die erste Etappe. Sie sind Ideengeber und Kritiker, wenn es darum geht, die ersten Entwürfe zu bewerten. Ebenso wichtig: Sie sind Multiplikatoren und Trendscouts. Die Pioniere sind unsere Stimme in der Zielgruppe – sichtbar, hörbar und natürlich überzeugt von unserem Produkt.

Was Pioniere für uns tun

- **Sie haben ein Problem.** Ein ungelöstes Problem, ein unbefriedigtes Bedürfnis. Die Pionierkunden sind nicht zufrieden mit den verfügbaren Lösungen. – Sie zeigen uns die Ansprüche von morgen.
- **Sie wollen es lösen.** Die aktive Suche nach Alternativen – Die frühen Nutzer sind aktiv und anspruchsvoll. Sie kennen Schwächen der verfügbaren Lösungen, sie haben Anforderungen und Erwartungen an eine bessere Lösung. – Wir erkennen, was wir optimieren müssen.
- **Sie sind bereit für Veränderungen.** Sie haben die Bereitschaft, Neues auszuprobieren, zu experimentieren und die alte Vorgehensweise zu verändern. Dabei akzeptieren sie für eine gute Lösung auch Einschränkungen und Veränderungen. – Sie geben uns Spielraum zu experimentieren.
- **Sie können es sich leisten.** Die Pioniere haben die Mittel und den Spielraum Neues auszuprobieren. Ein Misserfolg oder eine Fehlinvestition wirft sie nicht aus der Bahn. – Die Methode Versuch und Irrtum hat ihren Platz.

Die Idee, den Kunden ins Zentrum der Produktarbeit zu stellen, ist einfach und gut. Jedoch ist die Umsetzung alles andere als leicht. Schließlich haben wir bisher nur Vermutungen und Annahmen über unsere Zielgruppe. Um diese Ideen zu überprüfen, müssen wir hinaus und den vermuteten Kunden kennenlernen. Doch wo können wir ihn treffen, wie ihn erkennen?

A Day in the Life – eine kreative Methode

Je besser wir unseren Kunden kennen, desto leichter lassen sich Probleme erkennen und Bedürfnisse ableiten. Unser Ziel ist es, den Kunden in seinen Motiven, Gewohnheiten und Vorlieben kennenzulernen. Dabei sind das Umfeld und die Situation, in der sich der Nutzer bewegt, wichtig. Die Möglichkeiten und Anforderungen des Umfeldes prägen die Verhaltensweisen und beeinflussen die Zufriedenheit.

Ein Tag im Leben – der Produktmanager

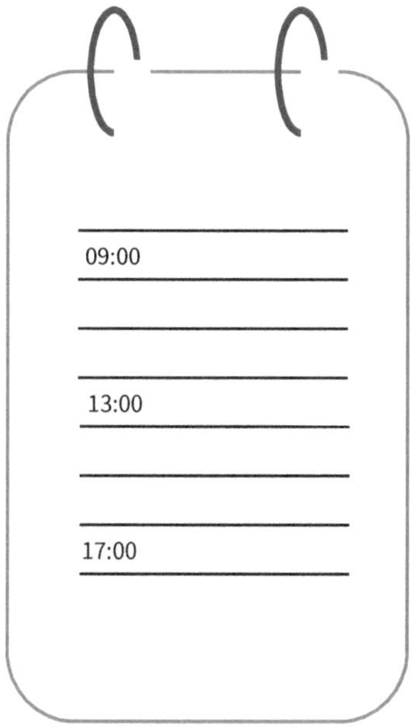

Abb. 20: Ein Tag im Leben

Um 6:30 klingelt der Wecker. Markus B. ist Produktverantwortlicher in einem mittelständischen Maschinenbauunternehmen. Heute ist ein wichtiger Tag. Hr. B. hat die wichtigsten Kunden aus England eingeladen, um ihnen die Neuerungen am Produkt zu zeigen. Nach ein einem kurzen Frühstück macht er sich mit dem Fahrrad auf den Weg in das 5 km entfernte Büro. Ein sonniger, klarer Frühlingstag. Mit dem E-Bike zieht Markus B. an den wartenden Autos vorbei und kommt nach 20 Minuten auf dem Firmengelände an. Er ist entspannt und voller Energie. Im Teamraum haben die Kollegen begonnen, die Tische und Stühle umzubauen. Die Netzwerkzugänge sind getestet. Markus B. macht noch einen Soundcheck mit dem neuen Headset. Um 9:00 kommen auch die englischen Foliensätze. Es bleibt also noch genug Zeit für einen kurzen Testlauf. Hr. B. fühlt sich gut vorbereitet und freut sich auf den Tag. Um 9:30 ist alles vorbereitet. Die Kollegin aus dem Marketing hat ein Teamfrühstück organisiert, damit alle gestärkt sind, wenn es um 10:00 losgeht. Die Stimmung im Team ist gut. Alle sind gespannt.

Das Format *A Day in the Life* ist eine kreative Vorgehensweise, um die Lebenssituation des Kunden besser zu verstehen. Fakten und Vermutungen lassen sich im Zusammenhang betrachten, die Erzählung des Tagesablaufes hilft, ein stimmiges Bild zu gestalten. Auf diese Weise können wir beobachtend und nachempfindend besser verstehen. Wir beginnen aus der Perspektive des Kunden zu schauen. Das Kreativszenario eignet sich gut für ein Brainstorming in der Gruppe. Bildhaftes Gestalten hilft, über die bekannten Fakten hinauszudenken und kreativ, spekulativ zu arbeiten. Wichtig dabei: Der rote Faden des Tagesablaufes ist ein Hilfsmittel, um die Übersetzung von dem Bekannten auf das Unbekannte zu erleichtern. Die Frage »Was wissen wir, was können wir beobachten?« ist der Ausgangspunkt, um über die vermuteten Eindrücke und Empfindungen zu spekulieren. Das Ziel ist ein stimmiges Verständnis, mit dem wir hinausgehen und uns auf die Suche nach Gesprächspartnern machen können.

6.3 Personas – gib dem Kunden ein Gesicht

Je weiter die Produktgestaltung voranschreitet, desto klarer wird die Zielgruppe. Die Rückmeldungen und Erkenntnisse aus dem Kundenkontakt sind der Kompass. Für die Kommunikation im Team braucht es eine konsolidierte, gemeinsame Sichtweise auf unseren Kunden.

Personas sind kompakte, bildhafte Zusammenfassungen. Es geht um die Zielgruppe, besser gesagt, um typische Vertreter dieser Gruppe. Eine gute Persona gibt einen lebendigen Eindruck vom Nutzer, seiner Lebenssituation und seinen Bedürfnissen. Ein Mensch mit einem Namen und einem Leben, jemand, den man treffen und kennenlernen kann. Die Persona ist unser Beuteschema, wir richten das Produkt und den Entwicklungsprozess an ihr aus.

- **Segmentierung**: Wie können wir die Zielgruppe eingrenzen? Es geht um Alter, Geschlecht, Familienstand, Beruf und Ausbildung. Die soziodemografischen Daten sind die Grundlage, um den Blick zu schärfen. Die Segmentierung ist gut recherchiert und gut begründet. Wie groß ist das adressierte Kundensegment? Passen Kaufkraft und Lebenssituation mit unserer Produktvision zusammen?
- **Kontext und Situation**: Wo und wie treffen wir diese Menschen? Der Tagesablauf ist dafür ein Beispiel. Ebenso könnte es um typische Lebensphasen und Situationen gehen. An welchen Orten, zu welchen Zeiten können wir die Zielgruppe beobachten und kennenlernen? Welche Rahmenbedingungen sind dabei wichtig?
- **Ziele, Vorlieben, Gewohnheiten**: Was beschäftigt diese Personen? Welche Ziele verfolgen sie und welche Motive haben sie? Was wissen wir über ihren Alltag und ihre Routinen? Welche Vorlieben, welche Hobbies und auch Abneigungen sind interessant? Welche Themen wollen wir ansprechen, wie sollte die Kommunikation aussehen?
- **Bedürfnisse und Probleme**: Was vermisst und erwartet die Person? Welche Probleme und Erwartungen formuliert der Nutzer? Welche Bedürfnisse und Anliegen vermuten wir und warum? Welche Bedeutung haben die Themen, welche anderen Anliegen stehen im Konflikt bzw. im Zusammenhang? Wie passt auch das mit unserer Produktvision zusammen?
- **Anforderungen und Einschränkungen**: Welche konkreten Erwartungen an die Lösung kennen wir bereits? Welche vermuten wir? Wie sieht es mit Einschränkun-

gen und Rahmenbedingungen bei der Nutzung aus? Die Anforderungen sind die Basis, um Eigenschaften und Funktionen unserer Lösung zu formulieren. Je konkreter, desto besser.

- **Hobbies und andere Merkwürdigkeiten**

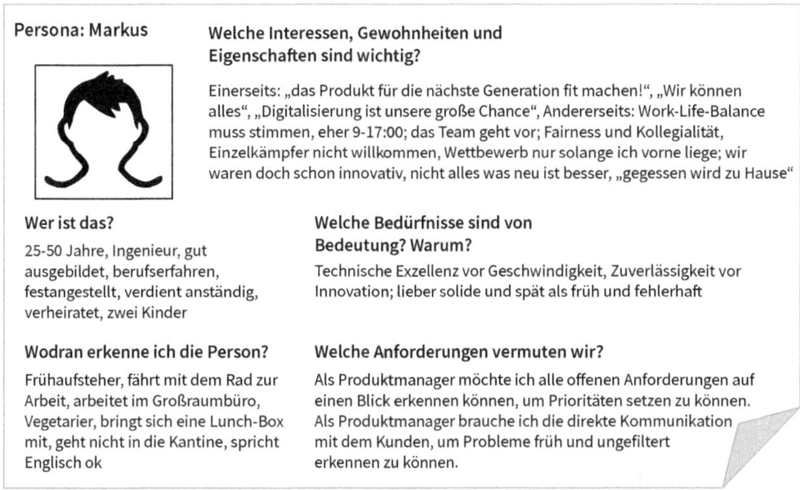

Abb. 21: Eine Persona am Beispiel Markus B., Produktmanager und Familienvater

Personas begleiten den gesamten Prozess, von der Idee in die Lösung, in den Betrieb und die Wartung. Dabei wächst und entwickelt sich auch das Verständnis für die Zielgruppe. In der frühen Phase des Produkts sind es viele, offene und eher unscharfe Personas, zunehmend verdichtet und schärft sich der Blick. Aus einer Vielzahl von Vermutungen über die Kunden und deren Bedürfnisse kristallisiert sich die Zielgruppe. Die Personas helfen dabei, diesen Lernprozess sichtbar zu machen, und fördern die Diskussion. Aus Vermutungen werden Experimente, aus den Experimenten erwachsen Anforderungen, konkret und belastbar.

Im Dialog mit der Zielgruppe sammeln sich Ideen, Anregungen und Anforderungen. Klar ist, es reicht nicht aus, den Nutzer von heute nach seinen Anforderungen zu fragen. Auf der Suche nach dem Produkt von morgen gilt es, über das Bekannte und Vertraute hinauszuschauen. Natürlich sind es bei der Pflege und Weiterentwicklung eher graduelle, schrittweise Verbesserungen, die das Produkt voranbringen. Doch wenn es um innovative Features geht, ist das Festhalten am Bekannten und Vertrauten eher ein Hindernis. Allzu leicht verdrängen die bekannten Lösungen, das etablierte Vorgehen den Blick auf die neuen Möglichkeiten. Das Festhalten am Bestehenden birgt die Gefahr, das Neue zu übersehen.

6.4 User Stories: zuhören, aufschreiben, rückfragen

Die Anforderungen des Kunden sind das Material für die weitere Umsetzung. Mit jedem Feedback, mit jeder Frage sammeln sich Anregungen für die weitere Produktgestaltung. Der Dialog mit der Zielgruppe lebt vom frühen und häufigen Feedback. Vermutungen werden durch ein offenes Gespräch zu Anforderungen. Ein Hilfsmittel dafür: die User Story.

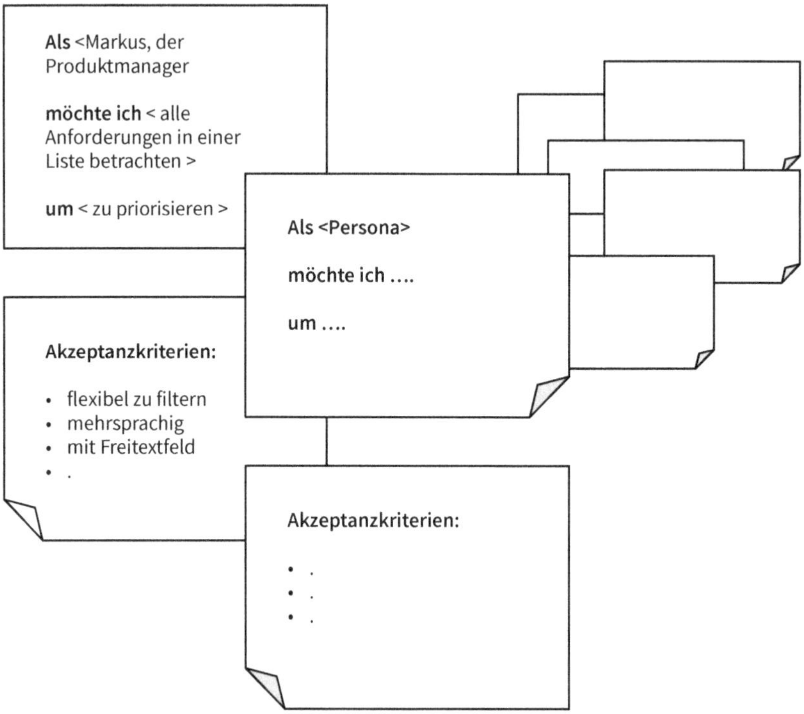

Abb. 22: User-Story-Format

Die Methode ist schlank und einfach. Es geht ums Zuhören, Aufschreiben und Rückfragen. Alles, was dafür notwendig ist: ein Stapel Moderationskarten, ein Stift und natürlich ein Gesprächspartner. Im Gespräch fragen wir nach und versuchen, Anforderungen zu erkennen und zu verstehen. Durch Rückfragen lassen sich Vermutungen überprüfen, die Anforderungen werden klarer. Das gradlinige Format, der einfache Satz, in dem eine User Story formuliert wird, erleichtert die Kommunikation. Der Gesprächspartner benötigt kein Vorwissen, der Aufwand ist gering und das Gespräch wird nicht durch die Methode gestört. Die User Stories entwickeln sich, die grobe Idee wird schrittweise konkreter.

Im Mittelpunkt der Methode steht das Gespräch, offen, kreativ und fokussiert. Eine aktive, fokussierte Gesprächsführung ist wichtig, um Bedürfnisse zu verstehen und Anforderungen zu erkennen.

- **Holen Sie Ihren Gesprächspartner ab.** Eine freundliche, einladende Atmosphäre und ein Themenvorschlag gehören dazu. Stellen Sie sicher, dass es ein gemeinsames Verständnis über Ziele und Ablauf des Gespräches gibt. Worum geht es, wie lange dauert es, was geschieht mit den Ergebnissen? Wie gehen wir mit vertraulichen Informationen um?
- **Hören Sie zu.** Lassen Sie sich auf das Gespräch ein. Folgen Sie den Gedanken des Gegenübers. Sie stellen Fragen und hören zu. Geben Sie der Kreativität Raum. Ein anregendes Umfeld, spielerische Arbeitsmittel und anregende Fragen. Lassen Sie genügend Zeit und Raum zum Nachdenken.
- **Arbeiten Sie vom Unscharfen zum Konkreten.** Nutzen Sie offene Fragen, um Vielfalt und Idee wachsen zu lassen, nutzen Sie geschlossene Fragen, um zu klären und zu schärfen. Sprechen Sie ihre Vermutungen aus. Eliminieren Sie Missverständnisse und Unklarheiten früh. Manchmal ist es hilfreich zu irritieren: Was darf sich keinesfalls ändern? Wie können wir die Situation verschlechtern?
- **Konkretisieren Sie die Anforderungen.** Versuchen Sie, die Kritikalität zu verstehen – Was muss/soll/kann geschehen – immer/nie/selten/häufig? Je tiefer Sie eintauchen, desto konkreter können Qualitätsanforderungen formuliert werden. Diese Akzeptanzkriterien werden auf der Rückseite der User Story Card dokumentiert. Damit bleiben Anforderungen und Kriterien nahe beieinander.

6.5 Kano – mach deine Kunden zufrieden

Die Sammlung der User Stories liefert das Material für die Verdichtung und Priorisierung. Im Gespräch mit der Zielgruppe geht es um Eigenschaften und Kriterien. Ebenso interessant ist es, die Bedeutung und Wirkung der möglichen Lösungen einzuschätzen. Ein schwieriges Unterfangen, schließlich ist das Produkt bisher nur eine Idee. Wie werden relevante, wichtige Anforderungen erkannt und die User Stories für ein erfolgreiches Produkt priorisiert? Das Kano-Modell bietet ein Raster, um Anforderungen nach ihrer Wirkung auf den Kunden zu sortieren.

Wie Google sich durchsetzte

Altavista, Excite, WebCrawler, Yahoo und so weiter und so weiter: In den frühen Jahren des World Wide Web gab es eine Vielzahl von Suchmaschinen. Das explosionsartige Wachstum von Websites machte das Suchen und Finden zur Herausforderung. Die ersten Suchmaschinen unterschieden sich deutlich bzgl.

der Menge der berücksichtigten Websites, der Geschwindigkeit der Antwort, der Möglichkeiten für das Sortieren und Auswerten. Als Google 1997 als Außenseiter startete, war es in keiner dieser Eigenschaften überzeugend, weder schnell noch schön. Google setzte konsequent auf genau nur eine Anforderung: die Relevanz der Suchergebnisse. Der nach einem der Gründer benannte Page-Rank-Algorithmus sortierte die Ergebnisse nach der Anzahl der Verweise. Je größer die Anzahl der Verweise auf eine Website, desto weiter oben in der Trefferliste tauchte die Website auf. Die Nutzer waren begeistert. Trotz der anfänglich überschaubaren Abdeckung, trotz des (heute noch) minimalen Designs eroberte Google den Markt im Sturm.

Ein User-centric-Ansatz fragt aus der Kundenperspektive. Es geht um die Kundenzufriedenheit und den Kundennutzen. Die Idee: Zufriedene Anwender kommen wieder, sie bringen weitere Nutzer mit und werden zu treuen Kunden.
Im Kern unterscheidet das Kano-Modell drei Arten von Anforderungen:

- **Basisanforderungen**: Sie sind unverzichtbar. Ein Produkt, das diese nicht erfüllt, wird nicht gekauft bzw. der Kunde kommt nicht wieder. Das Besondere dabei, selbst wenn wir die Basisanforderungen zu 100 % kennen und erfüllen, wäre damit der Kunde nicht zufrieden. Jedoch wirkt sich ein Mangel bei den Basisanforderungen direkt als Unzufriedenheit aus. Die Basisanforderungen sind in der Regel stabil und unverzichtbar.
  - Beim halbjährlichen Reifenwechsel müssen alle Schrauben vollständig und korrekt festgezogen werden. Der Kunde geht von 100 % Anforderungserfüllung aus. Schon eine fehlende oder fehlerhafte Schraube wird zu maximaler Unzufriedenheit führen.
- **Leistungsanforderungen**: Sie können mehr oder wenig gut erfüllt sein, die Wirkung auf die Kundenzufriedenheit variiert. Es gilt: je mehr, desto besser. Je günstiger der Preis, je kürzer die Warteschlange, desto größer die Zufriedenheit. Für den Anbieter sind die Leistungsanforderungen eine Möglichkeit, um sich im Wettbewerb zu unterscheiden. Die Leistungsanforderungen sind in der Regel eine Abwägung zwischen Aufwand und Nutzen. Die wettbewerbsfähige Kombination verändert sich fortlaufend.
  - Am Check-in-Schalter am Flughafen unterscheiden sich die Wartezeiten deutlich. Je kürzer die Warteschlange, desto zufriedener der Kunde. Gleichzeitig gilt: Je mehr Schalter die Konkurrenz geöffnet hat, desto größer der Druck, ebenso den Durchsatz zu steigern.
- **Begeisterungsanforderungen**: Es sind die unerwarteten Dinge, die den Nutzer überraschen und umso mehr überzeugen. Die Anforderungen lassen sich nur schwer erkennen, der Kunde wird sie uns nicht sagen, denn sie gehen über die Erwartung hinaus. Begeisterte Kunden kommen gerne wieder, sie bringen viele Freunde mit und zahlen gerne einen höheren Preis. Die Begeisterungsanforde-

rungen sind schwer zu finden, sie stärken die Kundenbindung und ermöglichen höhere Preise.

- Die Blackberry Mobiltelefone waren 2002 die ersten Geräte, mit denen sich E-Mails mobil abrufen ließen. Die vollwertige QWERTY-Tastatur erlaubte Vielschreibern das Arbeiten mit einer Hand. Die Kunden waren begeistert. Das Gerät war für viele Jahre ein hochpreisiges Statussymbol für die dot.com-Generation.

Die Bewertung der Anforderungen aus Sicht des Nutzers ermöglicht eine erste Gewichtung. Jedoch, ein erfolgreiches Produkt ist ein Bündel von Eigenschaften. Eine attraktive Kombination von Anforderungen hebt das Produkt für den Kunden hervor und überzeugt. Die notwendigen Basisanforderungen müssen mit attraktiven Begeisterungsanforderungen verknüpft werden. Die Bündelung von Anforderungen nach Personas kann bspw. visuell mit einer Anforderungslandkarte – der Requirement Map – unterstützt werden.

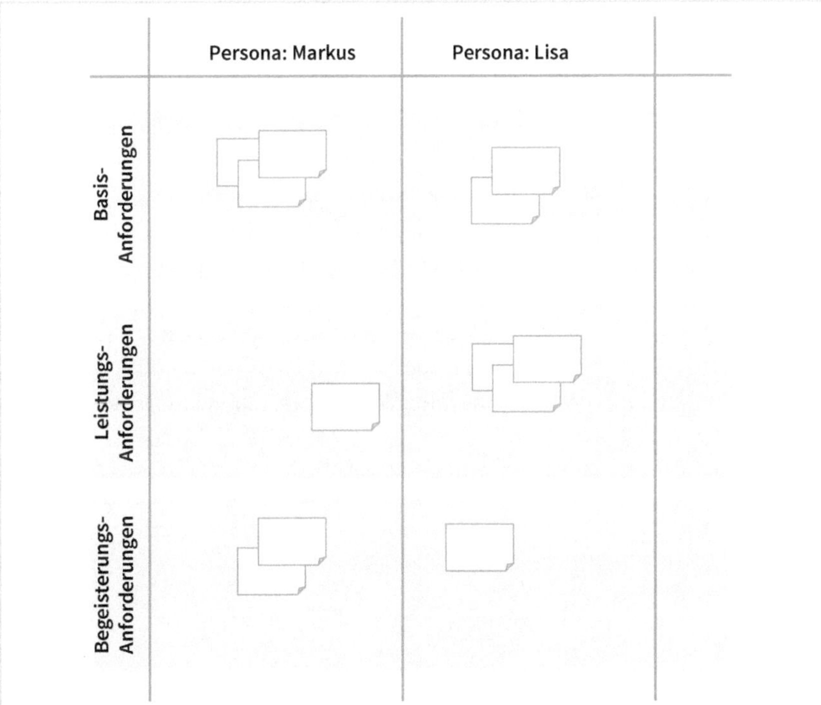

Abb. 23: Requirement Map

Die Suche nach Anforderungen, die Priorisierung von User Stories, das Schneiden von attraktiven Lösungsangeboten lässt sich durch Methoden erleichtern. Klar ist, dass die Produktgestaltung mehr benötigt als sauberes Handwerk. Es geht um die kreative

Gestaltung und, natürlich, um das frühe und konsequente Austesten von Ideen. Die eher offene, qualitative Sammlung von Anforderungen muss mit quantitativen, empirischen Daten kombiniert werden.

ARBEITSMATERIALIEN

- Haben Sie ein klares Bild von Ihrer Zielgruppe? Kennen Sie die Bedürfnisse, Probleme, Vorlieben und Abneigungen?
- Welche Anforderungen lassen sich ableiten? Wie bewerten Sie diese für die Produktgestaltung?

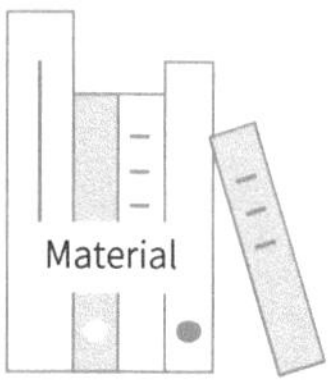

- User Story Mapping: Discover the whole story, build the right product. Jeff Patton (2014)
- Diffusion of innovations (3rd ed.). Everett M. Rogers (1983)
- The Professional Product Owner: Leveraging Scrum as a Competitive Advantage. Don McGreal und Ralph Jocham (2018)
- What are Consumer Insights? https://www.huffpost.com/entry/what-are-consumer-insight_b_5906624
- Persona Examples from around the web: https://www.brafton.com/blog/strategy/Persona-examples-from-around-the-web-and-why-they-work
- Customer Journey Maps keeps the Customers happy: https://www.surveymonkey.com/curiosity/map-customer-journey-keep-customers-happy/ Kano Modell
- https://de.wikipedia.org/wiki/Kano-Modell

7 Product Analytics – die digitale Datenspur auswerten

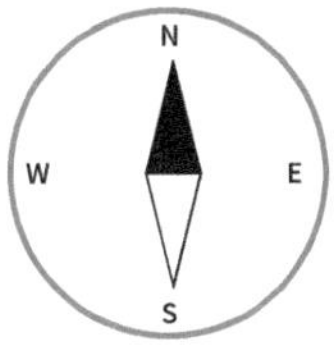

Die Personas und User Stories bilden die Zielgruppe und die Bedürfnisse der Nutzer qualitativ und beschreibend ab. Für die Bewertung und Vergleiche werden in der Regel jedoch quantitative Daten benötigt.

- Customer Journey als Analysestrecke
- Product Analytics als Werkzeugkoffer

Wer ist unser Kunde? Was will er und wie nutzt er das Produkt? Aus dem direkten Dialog mit dem Kunden lernen wir viel. Das Produkt wächst und die Kundengruppe ebenfalls. Immer wichtiger werden Zahlen, Daten, Fakten für die Steuerung und Weiterentwicklung. Die quantitative Analyse des Nutzerverhaltens hilft uns, besser zu verstehen, was der Kunde heute tut und was er morgen benötigt.

Wie die Datenanalyse die Kundenbeziehung verändert

In seiner Science-Fiction-Erzählung »Quality Land« skizziert der Bestsellerautor und Comedian Marc-Uwe Kling eine Welt von morgen. Digitale Dienstleister haben die Welt erobert. Der Online-Lieferservice ist allgegenwärtig. Konsumenten sind vollständig transparent. Die schöne, neue Welt des Konsums macht das Bestellen überflüssig. Bereits vor dem Kunden weiß der allgegenwärtige Anbieter, welches Produkt gewünscht, welches Bedürfnis gestillt werden soll. Aus dem Geschäftsmodell »Erst bestellen, dann liefern« ist ein »Erst liefern, dann bezahlen« geworden. Die digitale Datenspur gibt alle Antworten, aus der Vergangenheit wird auf die Zukunft geschlossen. Das Geschäftsmodell ist die Prognose des Kundenverhaltens. Doch was, wenn die Datenspur falsch ist? Peter Jedermann ist das Opfer eines Datenfehlers, einer Verwechslung. Mit wachsender Verzweiflung und Hartnäckigkeit versucht Peter Jedermann, ein nicht bestelltes Paket zurückzusenden. Doch egal was er versucht, der Kampf gegen den Prognose-Algorithmus erscheint aussichtslos, die Lieferungen kehren stets zurück. Die schöne neue Welt der *Product Analytics* als Satire.

Product Analytics beschäftigt sich mit der Sammlung und Auswertung von Nutzerdaten. Ziel ist es, das Kundenverhalten zu verstehen und zu beeinflussen:

- Wie und wo ist der Kunde auf das Produkt aufmerksam geworden?
- Welchen Funktionen werden genutzt, wie lange und wie häufig?
- Wie gut unterstützt der Prozess das Kaufen und Nutzen des Produkts?

- Wie reagiert der Kunde auf Angebote und Neuerungen?
- Wie gut gelingt die Kundenbindung, wie gut die Weiterempfehlung?

Damit die Analyse auf einer soliden Basis steht, sind relevante und aktuelle Datenquellen notwendig. Die Quellen für die Analyse sind bspw. Nutzerdaten, Service Reports, Kundenfeedback und Betriebsdaten. Im Unterschied zu qualitativen Methoden wie Kundenbefragung oder Interviews liefert die Datenanalyse messbare, repräsentative Aussagen. Dabei geht es nicht um Big Data, wichtiger sind die richtigen Daten, die Auskunft darüber geben, wie die Nutzer das Produkt verwenden Um Bedürfnisse zu verstehen und Probleme zu erkennen, braucht es manchmal erstaunlich wenig.

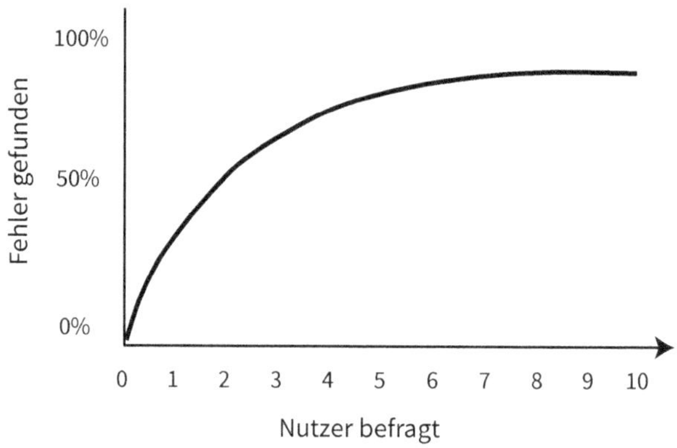

Abb. 24: Magic Five

Der Usability-Experte Jakob Nielsen spricht von den *Magic Five* und meint damit die Anzahl der Nutzerinterviews, die notwendig ist, um eine erste Einschätzung über die Probleme in der Nutzung des Produkts zu erkennen: nämlich fünf. Tatsächlich nimmt die Erkenntnis mit weiteren Interviews stark ab. Die Erkenntnis hieraus: Die Datenanalyse braucht für den Start keine breite, umfangreiche Datenbasis. Die Datenanalyse beginnt mit der Bereitschaft, Potenziale und Probleme zu erheben und zu vermessen.

Die wachsende Digitalisierung der Produkte und Services lässt auch die Datenspur anschwellen. Schnell stellt sich die Frage: Welche Daten brauchen wir wirklich? Aus Produktmanagementsicht haben wir dabei den Kunden und seine Interaktion mit dem Produkt im Blick. Wo, wann und bei welchen Ereignissen trifft der Nutzer auf die Lösung?

7.1 Customer Journey – den Kunden begleiten

Die Customer Journey ist ein Ansatz, um Berührungspunkte des Kunden mit dem Produkt im Zusammenhang zu betrachten. Die Annahme: Diese Ereignisse, auch *Touchpoints* genannt, prägen die Wahrnehmung des Produkts durch den Kunden, die *User Experience*.

Dabei geht es nicht nur um die direkten Kontaktpunkte wie Kauf, Reklamation etc. Ebenso wichtig sind die indirekten Kanäle wie Markenimage, soziale Netzwerke und Weiterempfehlungen. Für das Produktmanagement ist die Customer Journey ein wichtiges Hilfsmittel, um die Kundenbeziehung zu gestalten. Die Kontaktpunkte, die zentralen Ereignisse und natürlich die relevanten Daten, lassen sich auf diese Weise nachverfolgen und gestalten.

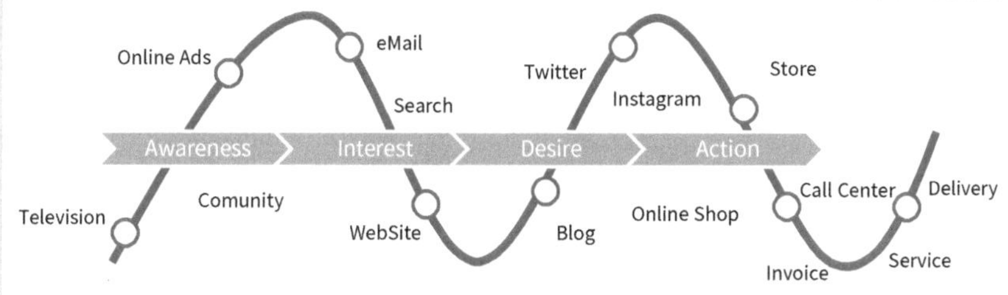

Abb. 25: Customer Journey

- **Phasen oder Prozessschritte**: Eine Customer Journey lässt sich in Abschnitte gliedern, die eine Interaktionssequenz von Anfang bis Ende abbilden. Der konkrete Leistungsprozess ist das Grundgerüst der Journey. Beispiele sind ein gesamter Auftragsabwicklungsprozess oder kleinere Prozessabschnitte wie eine Bestellung oder Reklamation. Ein im Onlinemarketing gerne verwendetes Modell ist das AIDA-Modell. Es betrachtet die Kundengewinnung aus Marketingsicht.
  Das AIDA-Modell:
  - **Awareness – Aufmerksamkeit gewinnen.** Wie nimmt der Kunde das Problem wahr? Wie werden bewusste oder unbewusste Bedürfnisse erzeugt und gefördert?
  - **Interest – Interesse wecken.** Wie erfährt der Kunde von der Lösung? Welche Eigenschaften unterscheidet das Produkt von anderen Lösungen oder Angeboten und wie nimmt der Kunde diese Eigenschaften wahr?
  - **Desire – Verlangen erzeugen.** Welche Argumente sprechen für die Lösung? Wie werden Zweifel ausgeräumt und die Entscheidung zum Kauf gefördert?
  - **Action – Kaufentscheidung umsetzen.** Wie gelingt es, die Kaufentscheidung umzusetzen? Welche Kanäle werden angeboten? Welche Hindernisse müssen bewältigt werden?
- **Kundensegment**: Für welche Zielgruppe wird der Ablauf betrachtet? Welche Personas sind relevant?

- **Touchpoints und Kanäle**: Welche Kontaktpunkte hat der potenzielle Kunde? Es geht um direkte Kanäle zwischen Anbieter und Kunde, aber auch um indirekte Kanäle wie Medien, Werbung und soziale Netzwerke.
- **Actions und Trigger**: Welchen Anlass gibt es für die Interaktion? Welches Bedürfnis treibt an, welches Problem löst die Kommunikation aus? Wann, wo und wie lässt sich die Interaktion beobachten?
- **Motivation und Wahrnehmung**: Wie gut gefällt dem Nutzer das Angebot? Erfüllt es die Erwartungen und Bedürfnisse? Welche Indikatoren gibt es, um die Interaktion zu bewerten, welche Empfindungen lassen sich beobachten bzw. vermuten? Wo gibt es Stärken, wo gibt es Schwächen aus Sicht des Nutzers?
- **Ereignisse und Daten**: Welche messbaren Ereignisse gibt es, um die Customer Journey abzubilden? Welche Daten sind notwendig, um den Verlauf des Kundenkontaktes quantitativ abzubilden?

7.2 HEART-Framework

Für die analytische Arbeit mit der digitalen Datenspur sind Werkzeuge zur Erhebung und Auswertung unverzichtbar. Wenig erstaunlich, dass sich eine wachsende Schar von Anbietern und Technologien in diesem lukrativen Markt positioniert hat. In der Regel werden verschiedene Werkzeuge zusammenspielen müssen, um die Daten zu sammeln, zu analysieren und zu berichten. Die Customer Journey ist ein Startpunkt, um relevante Datenpunkte zu identifizieren. Für die Erhebung und die Analyse der Daten braucht es Sensoren im Prozess, die uns Auskunft über die Nutzung geben – automatisch und digital.

Ein Beispiel für diese Datenanalyse im Web-Umfeld ist das HEART-Framework

HEART	Goal (Ziel)	Signals (Beispiele)	Metrics (Beispiele)
Happiness	Nutzer finden das Angebot nützlich, angenehm und verständlich	Positives Feedback in den Befragungen	Net Promoter Score (NPS) Kundenzufriedenheit
Engagement	Kunden kommen gerne und häufig	Kunden bleiben lange, kommen wieder	Dauer der Nutzung Häufigkeit der Nutzung Konversionsrate entlang des Funnels
Adoption	Neue Kunden erkennen den Nutzen schnell und deutlich	Entscheidung für die dauerhafte Nutzung wird schnell und nachhaltig getroffen	Download der App Sign-Up für die Nutzung Verwendung der App-Features

HEART	Goal (Ziel)	Signals (Beispiele)	Metrics (Beispiele)
Retention	Kunden kommen wieder und kaufen (erneut)	Hohe Kundenbindung mit langfristiger Kundenbeziehung	Kaufrate bzw. Churn Rate Wiederkaufrate bzw. Renewal Rate
Task Success	Nutzer bekommen einfach und schnell eine Lösung bzw. das Produkt	Hohe Abschlussrate und geringe Durchlaufzeit	Antwortzeiten Service-Anfragen

Tab. 1: Das HEART-Framework

Die Arbeit mit der Datenspur hilft dem Produktmanagement, die aktuellen Nutzer und ihr Verhalten besser zu verstehen. Doch dies ist nur der Anfang. Immer stärker geht es um die Frage: Was wird der Kunde in Zukunft tun? *Predictive Analytics* – die Verwendung bestehender Daten, um zukünftige Ereignisse, das künftige Nutzerverhalten vorherzusagen – bietet eine Vielzahl von Werkzeugen, die die Möglichkeiten der statistischen Analyse, des Maschinenlernens und Ansätze der künstlichen Intelligenz kombinieren. Unternehmen wie Amazon und Booking.com investieren einiges, um Bedürfnisse früher als der Nutzer zu erkennen und aktiv Angebote für das erwartete Kaufverhalten zu personalisieren. Nicht nur beim Verkauf von Büchern, Kleidung und Landmaschinen, sondern auch für Hotels, Krankenhäuser und politische Organisationen wird die Fähigkeit, aus der Datenspur auf das wahrscheinliche, zukünftige Verhalten zu schließen, zum Erfolgsfaktor.

7.3 Funnel-Analyse

Die Customer Journey legt die Strecke für die Kundeninteraktion. *Die Funnel-Analyse* hilft bei der Analyse der Kundenbeziehungen. Die Funnel-Analyse betrachtet den Verlauf, mit dem aus Interessenten Kunden werden. Der Funnel bildet die verschiedene Zustände ab und unterstützt die Messung der Übergangsraten – der Konversionsrate von einem Zustand (z. B. Interessent) zum nächsten (z. B. Newsletter bestellen). Wo verlieren wir potenzielle Kunden in diesem Prozess? Wo und wann werden aus Interessenten Käufer? Die Abfolge der Zustände zeigt den Verlauf einer Kundeninteraktion. Nicht aus allen Interessenten werden Käufer, doch wie viele bleiben auf der Strecke und wo oder wann? Eine Übersicht des Verlaufes, eine Verdichtung in Kennzahlen wie Anzahl der aktiven Nutzer, Anteil der verloren Nutzer etc. hilft dabei, Schwachstellen im Prozess zu erkennen.

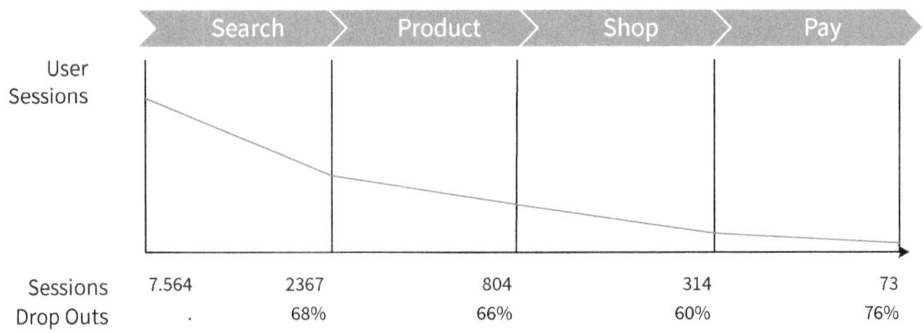

Abb. 26: Funnel-Analyse

Die Erkenntnisse der Funnel-Analyse geben dem Produktmanager Anregungen für mögliche Maßnahmen und Verbesserungen. Für die Bewertung der Maßnahmen benötigen wir eine weitere Perspektive. Der Vergleich von verschieden Zeitpunkten bzw. Nutzerkohorten gibt auch Auskunft darüber, welchen Effekt die Anpassung auf die Kundenbeziehung hat. Welche Wirkung haben die Marketingkampagne oder der Relaunch der Website auf die Neukunden im Unterschied zu den Bestandskunden? Die Kohortenanalyse hilft, diese Effekte in den verschiedenen Nutzergruppen sichtbar zu machen.

		Anzahl Online Käufe			
Kohorte	**Anzahl Nutzer**	**Monat 1**	**Monat 2**	**Monat 3**	**Monat 4**
März	73.211	73,20%	64,76%	59,78%	51,17%
April	65.233	77,90%	57,67%	54,12%	50,01%
Mai	87.412	68,10%	48,90%	39,45%	27%
Juni	79.861	54,30%	49,12%	27,57%	19,15%

Abb. 27: Kohortenanalyse

Zweifellos wird mit der Digitalisierung der Produkte auch die Bedeutung der quantitativen Produktanalyse wachsen. Für den Produktmanager bedeutet dies: Das statistische Handwerkszeug ist zunehmend unverzichtbar. Die gute Nachricht: Es geht nicht um ausgefeilte Methoden und Technologien. Für die erste Einschätzung, für die erste Arbeitshypothese reichen wenige, bewährte Werkzeuge aus. Diese explorative Datensicht schaut nach Zusammenhängen und hilft, Vermutungen zu formulieren. Tiefergehende Analysen erfordern schnell Spezialwissen und aufwendige Werkzeuge. Einfache Werkzeuge für diese *Explorative Data Analysis (EDA)* sind Tabellenkalkulationsprogramme wie Excel oder Spreadsheets. Sie ermöglichen eine einfache nummerische oder visuelle Darstellung.

ARBEITSMATERIALIEN

- Kennen Sie Ihre Customer Journey? Wo entsteht Kundenbindung, wo verlieren Sie potenzielle Kunden?
- Welche Werkzeuge für die Datenanalyse wollen Sie einsetzen? Mit welchem Ziel?

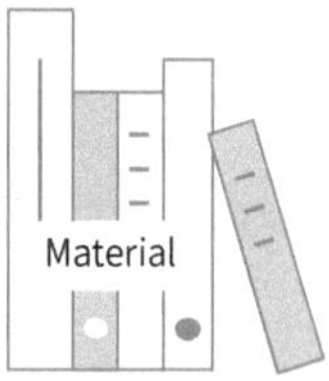

- Product Analytics for Product Managers: https://www.visionandbricks.com/tools/product-analytics-tools-for-product-managers/
- Empathy Mapping: https://www.nngroup.com/articles/empathy-mapping/
- Quality Land. Marc-Uwe Kling (2017)
- Why you only need 5 users: https://www.nngroup.com/articles/why-you-only-need-to-test-with-5-users
- HEART Framework: https://research.google/pubs/pub36299/
  https://en.wikipedia.org/wiki/Exploratory_data_analysis

8 Business Modelling – das Geschäftsmodell verstehen

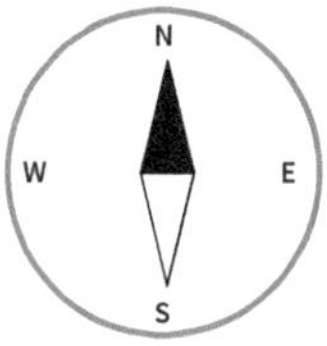

Aus der Produktvision ist ein Konzept geworden. Die Anforderungen der Kunden sind formuliert, das Minimum Viable Product ist verprobt und das Marktpotenzial vermessen. Es ist Zeit, eine Entscheidung zu treffen. Lohnt sich das Produkt eigentlich? In diesem Kapitel geht es um das Geschäftsmodell. Wie kann der Markteintritt gelingen, welche Erfolgsfaktoren sind wichtig und wie passen Erlöse und Kosten zusammen?

Cash Burn Rate – oder: Wie lange reicht das Geld noch? Bei der Bewertung von Start-ups greifen viele Investoren auf diese Kennzahl zurück: Wie lange kann das Unternehmen mit den verfügbaren Ressourcen, liquiden Mitteln überleben? Die Logik dahinter: Eine gute Idee, selbst ein erfolgreicher Markteintritt, ist keine Garantie für ein profitables Geschäft. Erst wenn es gelingt, die Idee dauerhaft zu bewirtschaften, erst wenn es gelingt, auch große Umsätze zuverlässig zu steuern, wird aus der guten Idee ein gutes Geschäft. Vermutlich neun von zehn Start-ups verschwinden in weniger als zwei Jahren wieder vom Markt. Ein wesentlicher Grund dafür: Das Geschäftsmodell ist unklar oder nicht tragfähig.

Das *Business Model*, wie das Geschäftsmodell häufig genannt wird, beschreibt die Geschäftsidee. Es geht um das Zusammenspiel von operativen Elementen wie Kosten und Erlösen und es geht um die strategische Positionierung im Markt und im Kundenkontakt. Das Business Model gibt einen kompakten Überblick und hilft dabei, weiße Flecken oder Unstimmigkeiten zu erkennen. Natürlich basiert das Geschäftsmodell auf einer lebendigen, fortlaufenden Diskussion, mit jedem Kundenfeedback, mit jeder Lieferung lernt das Produktteam dazu. Das Business Model ist die Antwort auf die Frage: Lohnt sich das Vorhaben überhaupt?

Shark Tank – eine starke Businessgeschichte entscheidet

Die amerikanische Fernsehshow Shark Tank (in Deutschland: Die Höhle der Löwen) läuft seit 2009 mit großem Erfolg. Das Setting ist einfach. Start-up-Unternehmer auf der Suche nach Investoren sind eingeladen, ihre Idee einer Gruppe von fünf potenziellen Geldgebern zu präsentieren. Überzeugt die Idee, beginnen die Investoren, sich um das Investment zu balgen. Im Zentrum der Diskussion: das Businessmodell. Der Erfolg für das Start-up hängt an seiner Geschichte. Wie überzeuge ich mit meiner Idee? Welche Fragen muss ich beantworten, um eine Investitionszusage zu bekommen?

8.1 Auf einen Blick – das Business Model Canvas

Das Business Model Canvas ist ein bewährtes Hilfsmittel, um die Diskussion über das Geschäftsmodell zu strukturieren. Lässt sich die Produktidee als profitables Geschäft betreiben? Die Landkarte, das Canvas, hilft dabei, diese Frage aus neun Perspektiven zu betrachten. Das Canvas ist ein lebendiges Dokument – Post-its, Zeichnungen, Farben, Formen unterstützen in der Diskussion mit Geldgeber, Management und Produktteam. Es geht um eine offene, kreative Diskussion. Das Canvas hilft dabei, den Fokus auf die unternehmerische Umsetzung zu lenken.

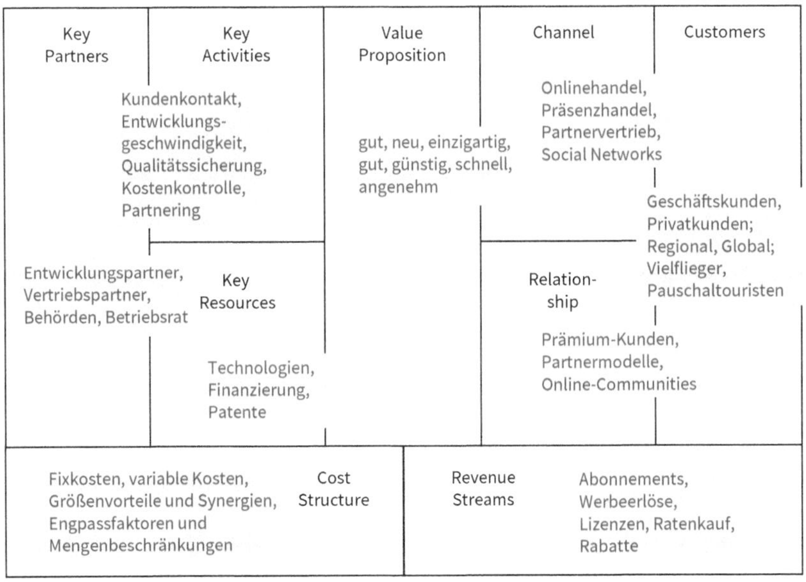

Abb. 28: Business Model Canvas

Die neun Perspektiven des Business Model Canvas

Value Proposition

Das Werteversprechen – warum ist das Produkt eine gute Idee? Warum sollte der Kunde es kaufen? Was unterscheidet das Angebot von der Konkurrenz? Welchen Mehrwert wollen wir liefern? Die Value Proposition (VP) ist eine kompakte Argumentation, die verständlich ist und überzeugt. Die VP zielt auf den Kunden. Welche Eigenschaften sind wichtig, welche Bedürfnisse werden adressiert, welches Problem wird behoben? Stellen Sie sich vor, Sie haben eine Minute Zeit, um einen potenziellen Kunden zu überzeugen. Beispielsweise: gut, neu, einzigartig, günstig, schnell, angenehm.

Customer

Die Kundenperspektive – Customer fragt nach der Zielgruppe und den Kunden. Für wen ist das Produkt interessant? Welche Kundengruppen sollen adressiert werden? Die Segmentierung kann sich an Märkten oder Branchen orientieren. Aber auch innerhalb eines Marktes lassen sich möglicherweise ABC-Kundengruppen mit unterschiedlicher Kaufkraft, Anforderungen oder Innovationsbereitschaft abgrenzen. Die Personas sind ein guter Startpunkt für diese Diskussion. Wen wollen Sie überzeugen, nachdem die Pionier-Kunden an Bord sind? Beispielsweise: Geschäftskunden, Privatkunden; regional, global; Vielflieger, Pauschaltouristen.

Channels

Absatz- und Kommunikationswege – wie kommt das Produkt zum Kunden? Online- oder Präsenzhandel, Direktvertrieb, Partner- oder Großhandel? Die Channels sind die Kommunikationskanäle in den Markt. Die Antwort auf diese Frage hat Auswirkungen nicht nur auf Vertrieb und Preisgestaltung. Ebenso wichtig: Wie gelingt das Marketing, wie der Service über diese Kanäle? Beispielsweise: Onlinehandel, Präsenzhandel, Partnervertrieb, Social Networks.

Relationship

Kundenbeziehung – welche Beziehung wollen wir zu unseren Kunden aufbauen? In der Innovationsphase ist die Nähe zum Kunden häufig groß. Wird das im Massenmarkt so bleiben? Welche Auswirkungen hat der reine Onlinevertrieb auf die Kundenbeziehung? Wie wirkt sich eine automatisierte Kaufabwicklung, wie eine Selbstbedienungsauslage auf die Kundenbindung aus? Beispielsweise: Premiumkunden (Senator-Karte), Partnermodelle, Online-Communities.

Revenue Streams

Erlösquellen – woher und wie kommen die Umsätze? Es geht um Preise und Erlöse. Wie bezahlt der Nutzer? Sind es Einmalzahlungen oder Abonnements? Wer bezahlt für das Produkt, der Nutzer oder ein Werbepartner? Wie kommt der Erlös zu uns, direkt oder über Zwischenhändler? Sind die Preise einheitlich und fix oder differenziert nach Kundengruppen, Tageszeiten oder anderen Faktoren? Wie stabil, wie nachhaltig sind die Umsätze? Beispielsweise: Abonnements, Werbeerlöse, Lizenzen, Ratenkauf, Rabatte.

Cost Structure

Die Kostenstruktur – welche Kosten fallen an? Welche Stückkosten pro Einheit erwarten wir? Welche fixen, nicht veränderlichen Aufwände, welche variablen Kosten werden anfallen? Wie entwickeln sich die Kosten mit wachsender Stück- bzw. Kundenzahl? Gibt es Größenvorteile mit wachsendem Geschäftsvolumen oder erwarten wir Flaschenhälse, die die Kosten in die Höhe treiben? Beispielsweise: Fixkosten, variable Kosten, Größenvorteile und Synergien, Engpassfaktoren und Mengenbeschränkungen.

Key Activities

Schlüsselaktivitäten – welche Aktivitäten sind wichtig, damit das Geschäftsmodell funktioniert? Welche Aufgaben sind entscheidend für den Erfolg und warum? Geht es um Geschwindigkeit, Einmaligkeit oder Kostenvorteile? Beispielsweise: Kundenkontakt, Entwicklungsgeschwindigkeit, Qualitätssicherung, Kostenkontrolle, Partnering.

Key Ressources

Schlüsselressourcen – welche Kompetenzen, welche Ressourcen sind unverzichtbar für den Betrieb? Es geht um Mitarbeiter, Maschinen, Lizenzen und Geld. Was muss früh, was dauerhaft sichergestellt werden? Was muss dauerhaft intern erfolgen, was lässt sich zukaufen bzw. auslagern, wie lange und warum? Beispielsweise: Technologien, Finanzierungszusage, Patente.

Key Partner

Schlüsselpartner – welche Partner sind notwendig, damit das Geschäft gelingt? Es geht um Abhängigkeiten von Zulieferern und Abnehmern, aber auch um Synergien mit Systempartnern und Netzwerken. Welche Risiken sind damit verbunden? Welche Maßnahmen sind sinnvoll, um die Risiken zu reduzieren und die Synergie zu ernten? Beispielsweise: Entwicklungspartner, Vertriebspartner, Regulierungsbehörden, Betriebsrat.

8.2 Was lässt sich von digitalen Geschäftsmodellen lernen?

Die Arbeit am Businessmodell ist für die Produktverantwortung zentral. Für den wirtschaftlichen Erfolg ist die Nachhaltigkeit des Geschäftsmodells ebenso wichtig wie die Innovationskraft des Produkts. Anders formuliert: Eine brillante Idee wird ohne tragfähiges Geschäftsmodell scheitern, eine mittelmäßige Produktidee lässt sich mit einem attraktiven Geschäftsmodell erfolgreich betreiben.

Rocket Internet: Kernkompetenz ist die Imitation

Rocket Internet ist ein erfolgreiches europäisches Internetunternehmen. Eine Marktbewertung von 2,5 Milliarden €, mehr als 25 000 Mitarbeiter, Niederlassungen in 100 Ländern. Die Samwer-Brüder, Gründer und Eigentümer, sind Ikonen für viele, ambitionierte Internetunternehmer. Das Geschäftsmodell ist schnell zusammengefasst: Rocket Internet kopiert erfolgreiche Start-ups aus dem US-amerikanischen Markt. Die Kernkompetenz ist die Imitation. Dazu werden US-amerikanische Start-ups systematisch identifiziert, bewertet und in andere, erfolgversprechende Märkte kopiert. Zalando als Klon des US-amerikanischen Retailers Zappos ist dafür ein Bespiel.

Warum gelingt das? Geschwindigkeit beim Markteintritt, Kosteneffizienz bei der Skalierung im Markt: Die Erfolgsfaktoren liegen im Geschäftsmodell, die Produktidee ist Secondhand. In weniger als 80 Tagen, so der Anspruch, baut Rocket Internet einen Start-up-Klon in einem neuen, regionalen Markt auf. Damit das gelingt, sind zentrale Elemente des Geschäftsmodells standardisiert oder zentralisiert. Die Start-up-Klone wie Zalando, HelloFresh und Home24 bekommen eine günstige IT-Infrastruktur, HR-Prozesse und Strukturen für Finanzen und Controlling von der Stange.

Was unterscheidet erfolgreiche Geschäftsmodelle von erfolglosen? Natürlich sind der Aufbau und die Steuerung eines neuen Geschäftes nicht mechanisch, kein Kochrezept. Die Fähigkeit, schnell zu lernen, die Bereitschaft, mutig zu experimentieren und die konsequente, ausdauernde Verbesserung sind schwer zu kopieren. Trotzdem lassen sich in den Geschäftsmodellen Muster erkennen und Anregungen ableiten. Ein Beispiel dafür sind die Geschäftsmodelle der Pure-digital-Unternehmen wie Google, Facebook, Amazon und Netflix. Die Übersetzung des technologischen Potenzials in eine betriebswirtschaftliche Logik unterstreicht die disruptive Kraft der Digitalisierung. Welche Effekte hat das auf die Unternehmensstrategie?

- **First Copy Costs**: Digitale Produkte lassen sich nahezu kostenlos reproduzieren. Die variablen Kosten des wachsenden Outputs sind quasi null. Die für die Erstellung angefallenen Entwicklungskosten verteilen sich auf immer mehr zahlende Abnehmer. Die Kosten pro Kopie sinken mit wachsender Produktionsmenge. Damit wird die frühe Marktdominanz zum strategischen Vorteil. Ein einmal errungener Wettbewerbsvorteil kann zur nachhaltigen Kostenführerschaft ausgebaut werden.
- **Network Effect**: Je mehr Teilnehmer auf dem digitalen Marktplatz oder dem sozialen Netzwerk zu finden sind, desto größer die Attraktivität des Angebotes. Dieser selbstverstärkende Effekt hat zur Folge, dass aus Sicht der Kunden die Alternativen schwinden. Es setzt sich das eine Netzwerk durch und ein Wechsel wird zunehmend unattraktiv.
- **First Mover Advantage**: Die Netzwerkeffekte haben zur Folge, dass eine einmal errungene Marktdominanz nur schwer einzuholen ist. In diesem Marktumfeld wird Geschwindigkeit zum herausragenden Erfolgsfaktor. Der erste Akteur am Markt hat durch den frühen Start die Möglichkeit, uneinholbare Größenvorteile zu erringen.
- **Lock-in Effects**: Die Kaufentscheidung bindet den Nutzer dauerhaft. Die Kosten, die durch einen Wechsel zu einem anderen Anbieter anfallen, wirken als Barriere.

Im Konsumentenbereich könnten dies z. B. die mühsam angelegte Playlist oder Büchersammlung oder die Kontakte sein, die bei einem Wechsel des Anbieters verloren wären. Für Geschäftskunden entstehen durch aufwendige, technische Integrationen und Datenmigrationen ebenfalls Wechselkosten. Für den Anbieter sind diese Lock-in-Effekte wertvoll, da sich die (erzwungene) Kundenbindung in höhere Preise übersetzen lässt.

- **Hyperscaling**: die Kopplung verschiedener Geschäftsmodelle, die sich wechselseitig verstärken. Google kombiniert das Suchmaschinengeschäft (Endkunden) mit dem Vermarkten von Werbefläche (Geschäftskunden). Beide Geschäftsmodelle haben isoliert betrachtet deutliche Größenvorteile, die Kombination von beiden eröffnet eine völlig neue Dimension der Marktbeherrschung und Profitabilität.
- **Crowding-out**: Die Marktbeherrschung ist nur der erste Schritt. Die Vernichtung des potenziellen Wettbewerbs ist die nächste Stufe. Crowding-out bedeutet, die Preise soweit zu senken, dass die aktuellen und potenziellen Mitbewerber aus dem Markt gedrängt werden. Das lässt sich natürlich nur machen, wenn entsprechende Rücklagen existieren. Ein Beispiel hierfür ist Amazon. Nahezu 15 Jahre hat Jeff Bezos das erklärte Ziele verfolgt (und in vielen Märkten erreicht), jeden Cent Gewinn in die Marktbeherrschung zu investieren. Für den jahrelangen Verzicht auf Gewinnausschüttungen wurden die Aktionäre allerdings durch gigantische Steigerungen des Aktienkurses entschädigt. Die Investoren sind offensichtlich überzeugt, dass Amazon eines Tages als unangreifbarer Monopolist zurückzahlen kann.
- **Mass Customization**: Die reichhaltige Datenspur des Konsumenten bietet den Unternehmen die Möglichkeit, nicht nur Angebote maßzuschneidern, sondern auch die Preise auf die Zahlungsbereitschaft des Kunden zuzuschneiden. Beispiele bei den digitalen Produkten sind Onlinebuchempfehlungen oder individualisierte Newsfeeds. Aber auch im produzierenden Gewerbe haben die technologischen Möglichen des 3-D-Printings (additive printing) viele Möglichen zur individualisierten Fertigung eröffnet. Die Balance zwischen kostspieliger Einzelfertigung und automatisierter Massenproduktion verschiebt sich langsam, aber unaufhaltsam.
- **Long Tail Economics**: Digitale Produkte können mit geringen Kosten gelagert werden, die Bereitstellungskosten sind weitgehend unabhängig von der Stückzahl. Damit ermöglichen sich Angebote in vormals nicht lukrativen Nischenmärkten. Ein Beispiel dafür – Fachbücher in Kleinstauflagen.
- **Prediction Markets**: Die Datenspur des Kunden aus dem vergangenen Such- und Kaufverhalten ermöglicht die Vorhersage des erwarteten, zukünftigen Verhaltens. Damit ergibt sich für viele klassische Betriebs- und Wartungsaufgaben die Chance, vorbeugend zu agieren. *Predictive Maintenance*, also der Ansatz, Instandhaltungsaufgaben vorbeugend anzugehen, hilft bereits heute dabei, Verschleißteile an Flugzeugen und Zügen auszutauschen, bevor sie kaputtgehen und ungeplante Stillstandzeiten verursachen. Auch im Endkundenbereich wird zunehmend die Balance verschoben. Das bisherige Modell »Erst kaufen, dann liefern« verwandelt sich hin zu »Erst liefern, dann kaufen«.

8.3 Produktverantwortung ist Geschäftsverantwortung

Ein perfektes Geschäftsmodell gibt es nicht. Die kontinuierliche Weiterentwicklung ist wichtig, um mit dem Produkt und dem Markt zu wachsen. Die Prozesse, die Preise und natürlich die Strategie entwickeln sich schrittweise, iterativ-inkrementell. Das wachsame Beobachten des Marktes, die kreative Entwicklung des Produkts und die disziplinierte, solide Skalierung von Umsatz und Kosten gehören zusammen.

Die Einbindung der Sichtweise aus dem Team, die Abstimmung mit Investoren und Entscheidungsgremien sichern die Akzeptanz und stärken das Commitment. Das Geschäftsmodell reift in kritischer Auseinandersetzung. Annahmen hinterfragen, Risiken bewerten und Maßnahmen entwickeln gelingt besser im Team.

Die Entwicklung des Geschäftsmodells beginnt beim Kunden und beim Produkt. Die Perspektive läuft von der Anforderung zur Lösung. Im Zentrum stehen die Fragen: Welches Problem wollen wir lösen? Welchen Nutzen wollen wir liefern? Die Diskussion des Geschäftsmodells birgt die Gefahr, dass sich die Methode vor das Produkt stellt. Klar ist, das Business Model Canvas darf nicht zur akademischen Übung abgleiten. Entscheidend ist die frühe und häufige Rückmeldung sowie die konsequente Weiterentwicklung.

ARBEITSMATERIALIEN

- Ist Ihr Geschäftsmodell verständlich und überzeugend?
- Nutzen Sie die Potenziale der Digitalisierung für Ihr Produkt?

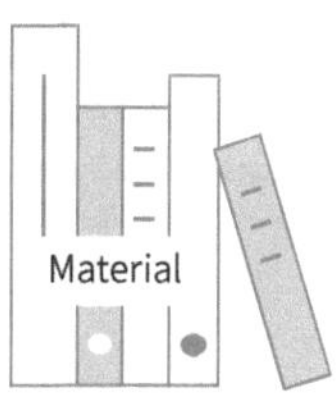

- Business Modell Canvas: https://en.wikipedia.org/wiki/Business_Model_Canvas; https://www.startplatz.de/startup-wiki/business-model-canvas/
- Rocket Internet: https://digital.hbs.edu/platform-rctom/submission/rocket-internet-a-copycat-business-model/

9 Product Backlog – Anforderungen beschreiben und organisieren

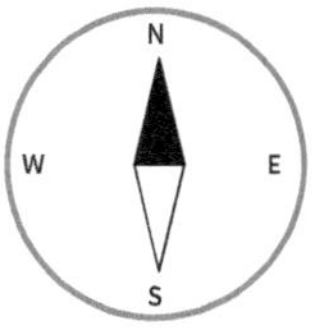

Das Product Backlog (PBL) ist ein wichtiger Meilenstein auf dem Weg hin zum agilen Produktmanagement. Ein gut gepflegtes Product Backlog gibt dem Team eine Antwort auf die Frage: Was machen wir als nächstes?
Das PBL ist zentral für die agile Arbeitsweise, es ist der Arbeitsvorrat für das Entwicklungsteam. Dieses Kapitel ist entsprechend umfangreich. In zwei Schritten betrachten wir die Arbeit am Product Backlog:

- Was ist ein Product Backlog und was steht da drin?
- Wie können Anforderungen beschrieben und bewertet werden?

9.1 Product Backlog – Veränderungen sind willkommen

Das Product Backlog umfasst alle bekannten Anforderungen und Ideen. Im Unterschied zum herkömmlichen Fachkonzept entwickelt und verändert sich das Product Backlog kontinuierlich. Das PBL ist niemals fertig oder abgeschlossen. Es ist in Bewegung, mit jeder Umsetzung lernen wir dazu. Das Feedback der Nutzer liefert Anregungen, um neue Anforderungen zu erkennen, bestehende weiterzuentwickeln oder Prioritäten zu verändern. Kurz: Veränderungen sind nötig und jederzeit willkommen.

Das Product Backlog ist eine sortierte Liste. Alle bekannten Anforderungen sind hier abgelegt. Das kann schnell eine umfangreiche Sammlung werden. Umso wichtiger, dass diese Liste gut organisiert ist. Welche Eigenschaften zeichnen ein Product Backlog aus?

DEEP oder: Wie agiles Anforderungsmanagement funktioniert

Detailed	Die Anforderungen werden nach Bedarf verfeinert. Der Produkt Owner steht dem Team Rede und Antwort: Welche Eigenschaften sind gefordert, welche Funktionen notwendig? Die Detaillierung folgt dem Pull-Prinzip, d. h., die Verfeinerung erfolgt auf Sichtweite, nach Bedarf. Natürlich gibt es unterschiedliche, zeitliche Planungshorizonte. Während das Team sich eher um die nächsten Wochen kümmert, beschäftigt den Produktmanager möglicherweise bereits das nächste Quartal.
Emergent	Die Anforderungen erwachsen aus der Diskussion. Kein Template, keine Darstellungsform kann das Gespräch ersetzen. Agiles Anforderungsmanagement ist eine Einladung zur Diskussion. Erst im Austausch mit dem Entwicklungsteam, erst im Dialog mit den Nutzern erwachsen gute Anforderungen. Wichtiger als die Form ist die Kommunikation und das gemeinsame Verständnis.
Estimated	Die Anforderungen sind der Arbeitsvorrat für die Umsetzung. Damit der stabile, zuverlässige Lieferstrom ohne Unterbrechung laufen kann, braucht es kleine, sinnvolle Anforderungspakte. Diese Bewertung liegt beim Team, sie ist die Grundlage für das Commitment, also die gemeinsame Einschätzung: Wir schaffen das. Für den Product Owner ist die Bewertung eine wichtige Rückmeldung. Sind die Anforderungen gut vorbereitet: klein, verständlich, machbar?
Prioritized	Jederzeit gibt es eine Antwort auf die Frage: Was machen wir als nächstes? Die eindeutige Sortierung des Produkt Backlogs reduziert Unsicherheit und schafft Transparenz über die Prioritäten. Diese Aufgabe liegt klar beim Product Owner, es ist eine unternehmerische Entscheidung. Klar ist, diese Sortierung gelingt umso besser, je breiter und fundierter die Abstimmung ist. Für die Bewertung von Abhängigkeiten sowie von nicht fachlichen Aspekten der Lösung ist häufig Expertenwissen notwendig.

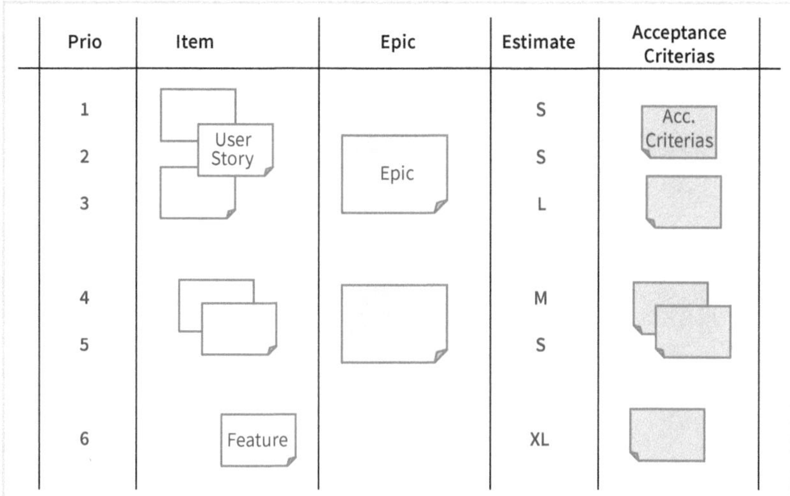

Abb. 29: Product Backlog

Egal ob das Backlog als eine Sammlung von Post-its, als einfache Tabelle oder mit einem IT-System verwaltet wird, wichtig ist, dass die Anforderungen leicht zugänglich und die Darstellung verständlich bleiben – für den Product Owner und natürlich auch für das Umsetzungsteam. Die meisten Teams verabschieden sich schnell von der Idee, das Product Backlog als Pinnwand mit Post-its zu gestalten. Allzu leicht gehen Karten verloren und die Antwort auf die Nachfrage, was habt ihr wann für wenn gemacht, wird mühsam. Die digitale Dokumentation bietet hier viele Vorteile: Nachverfolgbarkeit, Historisierung, Auswertungen etc. Einfache Ansätze wie Tabellenblätter oder Ticketsysteme sind ein guter Startpunkt. Die simple Lösung ist willkommen.

9.2 Product Backlog Items – was steht drin?

Das Product Backlog Item (PBI) ist das zentrale Dokument für die Arbeit mit den Produktanforderungen. Dementsprechend umfangreich und vielfältig können die Einträge, die PBIs, sein. Die PBIs lassen sich grob gliedern:

- **Features** – Funktionale Anforderungen beschreiben die nutzbaren Funktionen des Produkts. Aus der Perspektive des Nutzers werden Funktionen der gewünschten Lösung beschrieben. User Stories, Epics und Features helfen dabei, diese funktionalen Elemente im Product Backlog zu organisieren.
- **Enabler** – non-funktionale Eigenschaften der Lösung, die sich auf die Art und Weise beziehen, wie die Funktionen bereitgestellt werden. Diese auch als Qua-

litätsanforderungen bezeichneten Elemente beschreiben eher technische oder prozessuale Aspekte, die der Nutzer nicht häufig erwähnt.

- **Improver** – Verbesserungsmaßnahmen am Produkt und auch am Umsetzungsprozess. Die Idee der kontinuierlichen Verbesserung bedeutet, dass Mängel behoben und Potenziale genutzt werden. Die dafür notwendigen Arbeiten stehen ebenfalls im Product Backlog.

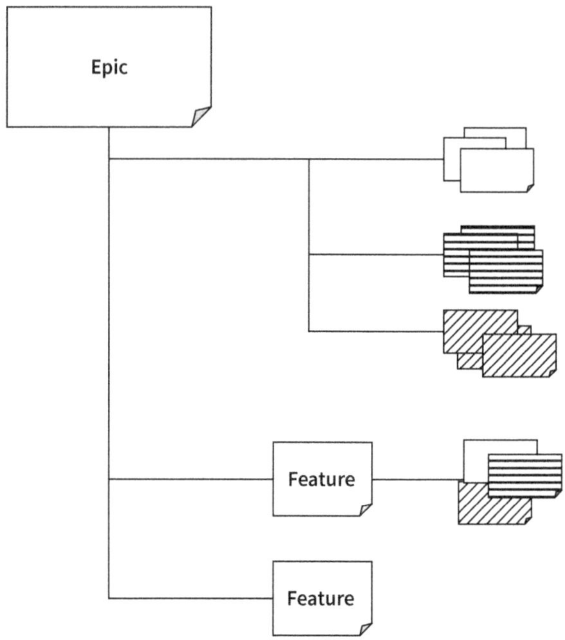

Abb. 30: Aufbau eines Backlogs von grob nach fein: Epic – Feature – Story

9.2.1 User Story – die Stimme des Nutzers

Die User Story ist ein einfaches Format, um funktionale Anforderungen aus Nutzersicht zu beschreiben (siehe auch Kapitel 6.4). User Stories beschreiben das Problem, nicht die Lösung. Eine wichtige Eigenschaft einer guten User Story – sie ist kleinteilig und, so die Idee, kann in einer Lieferschleife, einem Sprint, vollständig umgesetzt werden.

Abb. 31: Das Schema einer User Story

DIE DREI CS EINER USER STORY

Card — Eine User Story ist kurz und lässt sich auf einer Moderationskarte zusammenfassen. Natürlich bedeutet dies nicht, dass alle Fragen beantwortet sind. Aber das Problem, die Idee muss kompakt und verständlich auf einer Karte Platz finden. Gute Anforderungen sind klein und sinnvoll. Die Moderationskarte erinnert daran, auf den Punkt und nachvollziehbar zu formulieren.

Conversation — Die Karte fasst eine Diskussion zwischen Kunde und Team zusammen und hält das gemeinsame Verständnis fest. Anforderungen zu erkennen und zu erfassen ist Kontaktsport. Die Impulse kommen vom potenziellen Nutzer und Kunden.

Confirmed — Die verbindlichen Akzeptanzkriterien sind, verständlich und sinnvoll. Missverständnisse, Unschärfen oder Auslassungen können von Kunde, Nutzer und Team erkannt und benannt werden. Die Vermutungen, dass die User Story sinnvoll ist und einen Mehrwert liefert, hat der Nutzer/Kunde bestätigt.

9.2.2 Features – modulare Anforderungsbündel schnüren

Features beschreiben die Lösung aus der Sicht des Nutzers. Das Feature benennt die für den Anwender wichtigen Funktionen und Eigenschaften, es bündelt einzelne Anforderungen zu einer funktionalen, sinnvollen Gruppe. Das Feature ist eine Lieferobjekt, dass für den Nutzer einen Mehrwert liefert. Features sind in der Regel zu groß, um in einem Lieferzyklus (Sprint) umgesetzt zu werden. Sie müssen in kleinere Elemente zergliedert werden: die User Stories.

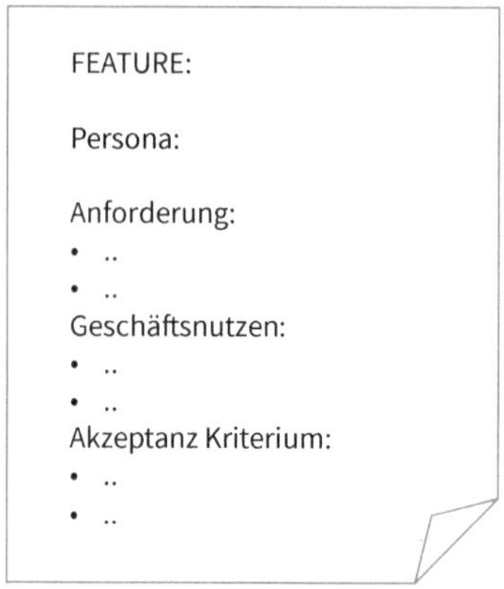

Abb. 32: Feature Persona

Ein Feature ist nicht nur eine Klammer, um kleinere Elemente zusammenzufassen. Ebenso wichtig für den Entwicklungsprozess ist es, dass es gelingt, in den Features sinnvolle fachliche und technische Bündel zu schnüren. Auf diese Weise lassen sich Abhängigkeiten vermeiden und Komplexität reduzieren. »Thinly sliced« – »dünn geschnitten«, also möglichst kompakte, modulare Lieferobjekte, so das Leitbild bei der fachlichen und technischen Gliederung des Features im Product Backlogs.

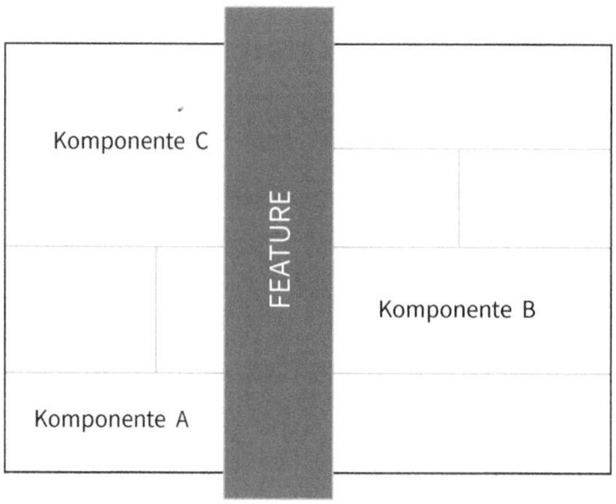

Abb. 33: Thinly Sliced Features

9.2.3 Epics – Themenschwerpunkte sichtbar machen

Das Product Backlog bildet alle bekannten Anforderungen und Ideen ab. Häufig starten Anforderungen mit einer groben Idee, einem strategischen Thema. Die unscharfe und möglicherweise umfangreiche Anforderung ist natürlich viel zu groß, als dass sie sich in einer Lieferschleife umsetzen ließe.

Epics sind große Themen, die das Product Backlog in Schwerpunktthemen gliedern. Epics können als Bündel von kleineren Elementen wie User Stories und Features verstanden werden. Häufig bilden Epics strategische Schwerpunkte ab. Für den Produktmanager sind Epics zentrale Lösungsbausteine, die notwendig sind, um das Produkt fertigzustellen. Epics lassen sich als Container verstehen, in denen einzelne Anforderungen – funktionale und nicht-funktionale – gebündelt und nachverfolgt werden können. Die visuelle Darstellung der Epics über der Zeit – die Roadmap – hilft dabei, um den Überblick im Umsetzungsprozess zu bewahren.

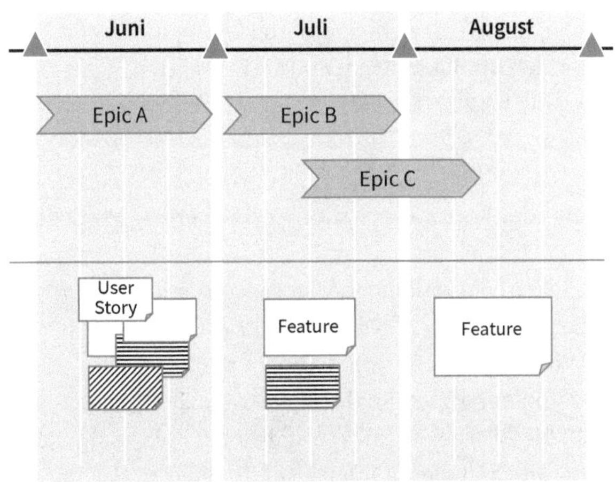

Abb. 34: Roadmap

9.2.4 Enabler – Voraussetzungen sicherstellen

Enabler beschreiben die nicht-funktionalen Anforderungen. Sie ergeben sich häufig erst aus der Diskussion mit dem Team über die fachlichen Anforderungen. Wenn die fachliche Problemstellung in mögliche Lösungsansätze übersetzt wird, kommen schnell technische oder prozessuale Aspekte auf, die notwendig sind, um zu liefern. In IT-Projekten sind es nicht selten konkrete Anforderungen aus Betrieb oder Compliance, die sich als Enabler im Product Backlog wiederfinden.

Nicht-funktionale Anforderung	Beispiel
Verfügbarkeit	Downtime > 99,9 %
Geschwindigkeit	Response time < 3 ms
Sicherheit	Zwei-Faktor-Authentifizierung
Verständlichkeit	weniger als drei Mausklicks
Fehlerfreiheit	Testabdeckung > 75 %
Konformität	Styleguide, Compliance etc.

Tab. 2: Non-functional Requirements (NFR)

Enabler stellen das Produktmanagement vor eine besondere Herausforderung. Die nicht-funktionalen Anforderungen sind in der Regel Voraussetzungen, um eine Funktion bereitstellen zu können. Klar ist, für eine reibungslose Umsetzung müssen die Enabler deutlich vor den fachlichen Anforderungen umgesetzt werden. Als Daumenregel gilt: Zwei, besser drei Sprints sollten die Enabler voranlaufen. Der Begriff des *Runway*, Landebahn, gibt dieser Herausforderung einen sprechenden Namen. Als einfache Regel gilt für den Produktmanager und das Umsetzungsteam, dass mit jedem Sprint ein Anteil von 10 bis 20 % Enabler eingeplant werden sollten.

9.2.5 Improver – der kontinuierlichen Verbesserung Platz geben

Die Arbeit am Produkt ist ein kontinuierlicher Lernprozess. Fortlaufend werden Fehler erkannt und Verbesserungspotenziale entdeckt. Die Improver beschreiben die Anforderungen, die für die Beseitigung von Mängeln, die Korrektur von Fehlern und die Umsetzung von Verbesserungsmaßnahmen notwendig sind. Auch hier gilt die Daumenregel: Etwa 10 bis 20 % der Teamkapazität sind für die kontinuierliche Verbesserung reserviert. Natürlich ist dieser Anteil nicht fix und wird sich mit dem Arbeitsfortschritt anpassen müssen.

Für den Product Owner sind die Improver eine Möglichkeit, die Qualität des Produkts gezielt zu verbessern. Schließlich sollten die bekannten Fehler und Mängel spätestens mit der Bereitstellung an den Nutzer behoben sein. Agile Teams sprechen von den *technischen Schulden* (*Technical Debt*) und meinen damit die bekannten Fehler und notwendige Verbesserungen. Klar ist, diese Schulden müssen getilgt werden, besser früher als später. Ein kontinuierliches, stetes Abtragen der bekannten technischen Schulden in jedem Sprint hilft dabei Überraschungen am Ende zu vermeiden.

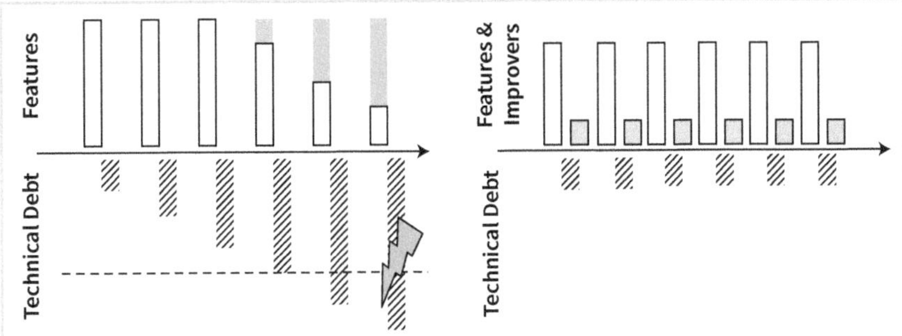

Abb. 35: Technical Debt und Improver

9.3 Product Backlog Refinement – den Arbeitsvorrat sicherstellen

Für den Product Owner ist die Arbeit am Product Backlog eine Vollzeitaufgabe. Relevante Anforderungen, gut vorbereitet und abgestimmt, sind unverzichtbar, damit der Entwicklungsprozess rund läuft. Schnell wächst die Anforderungsliste, große und kleine, wichtige und weniger wichtige Elemente sammeln sich. Für den Product Owner bedeutet dies: priorisieren und verfeinern. Wichtig dabei, der Arbeitsvorrat entwickelt sich kontinuierlich weiter. So muss auch das Backlog Refinement schrittweise nach Bedarf und Kapazität abgearbeitet werden.

9.3.1 Priorisieren – die wertvollste Anforderung benennen

Nicht selten folgt die Priorisierung einer schwer zu durchschauenden Dynamik. Im Getöse des Tagesgeschäftes dominieren die Bestandskunden, im Kampf um die Budgets setzen sich die Mächtigen durch, in der Diskussion um Abhängigkeiten dominieren die Bedenkenträger. Eine Folge davon: Der Blick auf das Produkt von morgen geht verloren. Die Lean-Perspektive hilft dabei, einen klaren Fokus in der Priorisierung zu bewahren:

- Welches Element liefert den größten Mehrwert?
- Welches Element lässt sich am schnellsten umsetzen?

Die Logik dabei ist denkbar einfach: Je früher die Lieferung, desto eher kann sich der Nutzen entfalten. Eine pragmatische Herangehensweise fragt nach den *Cost of Delay*, also den Nutzeneinbußen, die durch eine verspätete Bereitstellung erwartet werden. Damit sind nicht nur entgangene Umsätze oder Marktanteile gemeint, auch Lagerkosten oder Wartungsaufwände erhöhen diese Kosten und senken den späteren Gewinn.

Weighted Shortest Job First (WSJF)

Die Priorisierung hat einen direkten Einfluss hierauf. Ein zufälliges Abarbeiten, eine schlecht sortierte Liste verringern den Business Value, den Geschäftswert. Eine bewährte Methode zur Priorisierung trägt den Namen *Weighted Shortest Job First* (*WSJF*). Die etwas komplizierte Bezeichnung verdeckt den einfachen Gedanken: Die Anforderungselemente werden jeweils mit ihrem Nutzenpotenzial und der erwarteten Umsetzungsdauer gewichtet. Je wertvoller und je kleinteiliger die Anforderung ist, desto früher sollte sie umgesetzt werden.

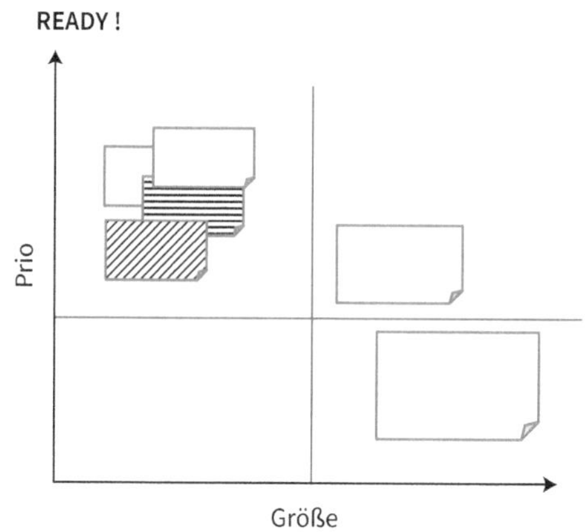

Abb. 36: Value Map (hoch/niedrig)

Für die Herleitung der quantifizierten Werte müssen sowohl Kosten als auch Nutzen konkreter betrachtet werden. Die WSJF-Methode schlägt dafür folgende Perspektiven vor:

WSJF – WEIGHTED SHORTEST JOB FIRST

WSJF = Cost of Delay/Job Size

mit

Cost of Delay = Business Value + Time Criticality + Risk Reduction + Opportunity Enhancement

- **Business Value**: Wie bewerten die Kunden die Anforderung? Welche Wirkung erwarten wir auf Umsatz und Erlös? Gibt es regulatorische Anforderungen oder negative Konsequenzen?
- **Time Criticality**: Wie wichtig ist der Liefertermin? Gibt es Abhängigkeiten oder Terminzusagen? Wie stark verringert sich der Nutzen durch eine verspätete Bereitstellung?

- **Risks Reduction & Opportunities Enhancement**: Welche Risiken werden mit der Umsetzung reduziert, welche Chancen eröffnen sich? Welche Erkenntnisse erwarten wir, welche Informationen gewinnen wir?

Job Size:

- **Duration**: Die Dauer der Umsetzung von Freigabe bis Übergabe ist ein Näherungswert für die Schätzung der Anforderungsgröße. Die Umsetzungsdauer bezieht sich auf die Durchlaufzeit, unproduktive Prozesszeiten wie Rüst- oder Wartezeiten beeinflussen den Liefertermin und fließen folglich mit in die Berechnung ein.

9.3.2 Refinement Patterns – Anforderungen für die Umsetzung verfeinern

In der Gliederung des Product Backlog Items (PBI) werden aus großen Anforderungen kleine. Die Idee dabei, kleine Anforderungen lassen sich in einem Schritt umsetzen. Der Lieferstrom aus Features gelingt so deutlich leichter. Jedoch, das Schneiden von sinnvollen, nutzbaren Lieferobjekten ist keine einfache Aufgabe. Die Refinement *Patterns* geben Anregungen bei der Zergliederung von Features in kleinere User Stories.

Refinement Pattern	Große Anforderungen ...	... in kleinere Anforderungen gliedern
Workflow Steps	Als Content Manager kann ich neue Inhalte veröffentlichen.	... direkt auf der lokalen Website veröffentlichen. ... nach Freigabe durch die Rechtsabteilung veröffentlichen. ... nach Freigabe auf der globalen Plattform veröffentlichen.
Business Rule Variation	Als Privatkunde möchte ich Reisebuchungen durchführen.	... online durchführen. ... für regionale Reisen online durchführen. ... für Reisen an Werktagen online durchführen.
Major Effort	Als Kunde kann ich den Warenkorb bezahlen.	... mit allen gängigen Zahlungsmitteln bezahlen. ... nur mit Vorkasse bezahlen.
Simple & Complex	Als Fahrgast kann ich die Route flexibel planen.	... indem ich Start und Ende eingebe. ... indem ich Start, Ende und Zwischenstopps eingebe.
Data Entry	Als Nutzer kann ich das Startdatum auswählen.	... im Format TT/MM/JJJJ festlegen. ... über eine Kalenderansicht angeben.
Performance	Als Käufer wird mir eine Vertragsbestätigung zugeschickt.	... automatisch. ... in weniger als zehn Sekunden.

Refinement Pattern	Große Anforderungen …	… in kleinere Anforderungen gliedern
Data Operations	Als Anwender kann ich ein Nutzerkonto anlegen.	… anlegen, lesen, ändern oder löschen. … anlegen oder löschen.
Spikes	Als Kunde kann ich bezahlen.	… mit Bitcoins zahlen.

Tab. 3: Refinement – Beispiele, wie große Anforderungen in kleinere gegliedert werden

9.3.3 Anforderungen verstehen – Lösungen beschreiben

Mit der Arbeit am Product Backlog wird auch das Lösungskonzept, das Produkt, zunehmend klarer. Damit das gelingt, müssen die User Stories in Lösungsbeschreibungen übersetzt werden. Für den Product Owner ist die Unterstützung durch Team bei dieser Arbeit entscheidend. Nicht nur der Austausch über die technischen Umsetzung ist wichtig. Auch die Spezifikation des Lösungskonzeptes erfordert in der Regel Spezialistenwissen, das vom Umsetzungsteam eingebracht werden muss. Alles was dabei hilft, um mit dem Team gemeinsam mögliche Umsetzungswege zu finden, ist willkommen. Für die Übersetzung von Anforderungen in Lösungen lassen sich verschiedene Darstellungsformen im Product Backlog verwenden:

Darstellungsformen im Product Backlog

Flowchart – Ablaufdarstellung von Aktivitäten. Die Darstellung des Prozesses ermöglicht es, Varianten, Entscheidungskriterien und Ergebnistypen für fachliche und technische Sequenzen darzustellen. Flowcharts lassen sich mit hohem Detaillierungsgrad verwenden. Das ist Vorteil und Nachteil zugleich. Die Lesbarkeit für den Laien geht oft schnell verloren.

Use Case – Use Cases blicken auf den Interaktionsablauf zwischen Nutzer und System. Wo werden Daten erfasst, wo erfolgt eine automatische Verarbeitung. Use Cases beschreiben Lösungsentwürfe aus der Nutzerperspektive für den Entwickler. Der Detaillierungsgrad ist dementsprechend hoch. Für die Modellierung ist Expertenwissen hilfreich. Bspw. ist die Abfolge der Interaktionen in der Regel durch fachliche und technische Faktoren geprägt. Erst im Zusammenspiel beider Perspektiven ergibt sich ein korrekter und sinnvoller Use Case.

Mockup – Mockups sind visuelle Darstellungen von Websites oder Benutzerschnittstellen (graphical user interface, GUI). Mockups geben dem Nutzer ein Bild der späteren Lösung. Der Vorteil ist die kompakte Zusammenfassung von vielen Einzelteilen in einem Bild. Mockups gibt es in unterschiedlichen Ausprägungsstufen, von der einfachen Skizze bis zum ausgearbeiteten Interfacedesign mit Farben und Schrifttypen.

Wireframe – Wireframes sind visuelle Darstellungen mit dem Fokus auf Layout und gestalterischer Konzeption der Lösung. Es geht um Flächen, Positionen und Dimensionierungen.

Prototyp – Prototypen sind Modelle, die wesentliche Eigenschaften der späteren Lösung vorgeben. Funktionale Prototypen, Designprototypen, Marketingprototypen. Je nach Zielsetzung geben sie Lösungseigenschaften vor. Prototypen helfen, konkrete, detaillierte Anforderungen abzuleiten und Zusammenhänge zu verstehen.

Artefact – Artefakte geben Einblick in das Anwendungsszenario. Bspw. existierende Altsysteme oder auch Konkurrenzprodukte oder Lösungsalternativen, die bei der Formulierung von konkreten und detaillierten Anforderungen helfen.

ARBEITSMATERIALIEN

- Sind die Anforderungen für die nächsten zwei bis drei Sprints bekannt, priorisiert und bewertet?
- Ist das Refinement mit dem Team und den notwendigen Experten gestartet?

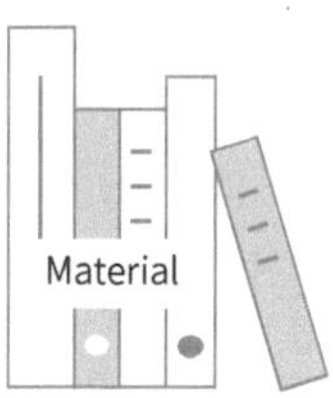

- The Professional Product Owner: Leveraging Scrum as a Competitive Advantage. Don McGreal und Ralph Jocham (2018)
- Weighted Shortest Job First: https://www.scaledagileframework.com/wsjf/

10 Delivery – den Umsetzungsprozess begleiten

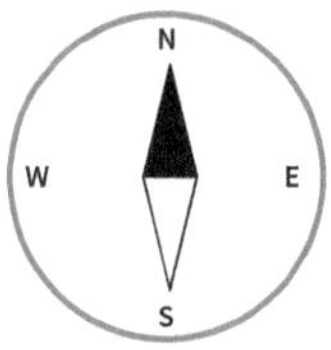

Das Product Backlog begleitet den gesamten Lebenszyklus des Produkts. Schrittweise werden aus Anforderungen Lösungen, das Produkt wächst und das Product Backlog entwickelt sich. Damit das gelingt, muss der Lieferprozess funktionieren.

- Wie lässt sich die Arbeitsvorbereitung organisieren, so dass der Lieferprozess gut läuft?
- Was muss zwischen Product Owner und Team für die Umsetzung abgestimmt werden und wie kann es gelingen?

10.1 Story Time – die Arbeit an den Anforderungen organisieren

Die Kopplung zwischen »Was will ich haben?« und »Wie setzen wir es um?« ist ein kritischer Erfolgsfaktor in der agilen Entwicklungsarbeit. Wenig erstaunlich, dass viele Teams sich Zeit nehmen, um sich auf den nächsten Lieferschritt vorzubereiten. Die *Story Time*, so ein Name für diesen Termin, ist als Regeltermin gedacht, die kontinuierliche Arbeit am Product Backlog hilft dabei, auf Sichtweite den Arbeitsvorrat für die Umsetzung gemeinsam vorzubereiten.

Refinement-Workshop: Ziel und Ablauf

1. **Ziele**
   - Die Anforderung für die nächste Iteration sind als User Stories vorbereitet.
   - Die Anforderungen für die folgenden zwei bis drei Iterationen wurden vom Team bewertet.
2. **Teilnehmer**
   - Product Owner, Entwicklungsteam, ggf. Experten für die Diskussion von Enablern und Improvern
3. **Dauer**
   - Regeltermin, bspw. einmal wöchentlich ein bis zwei Stunden
4. **Ablauf**
   - 15’ Big Picture
     - Was will ich haben? Vorstellung der priorisierten Anforderungen (Product Owner)
     - Fragen sammeln und beantworten (Product Owner)

  - Voting – Priorisierung verständlich und sinnvoll? (Entwicklungsteam)
  - Offene Punkte/Kommentare sammeln (Product Owner)
- 30' Deep Dive
  - Welche Eigenschaften erwarte ich von der Lösung? Erläuterung der Akzeptanzkriterien (Product Owner)
  - Fragen sammeln und beantworten (Product Owner)
  - Estimate – Bewerten der Anforderung – Aufwand und Komplexität der Umsetzung (Entwicklungsteam)
  - Offene Punkte/Kommentare sammeln (Product Owner)
- 15' Ready?

Die Arbeit am Product Backlog, die Story Time binden das Team gerade am Anfang der Zusammenarbeit stark. Die Daumenregel – etwa 10 % der Teamkapazität für das Refinement – ist eher als Durchschnitt über mehrere Umsetzungszyklen zu verstehen. In den ersten Iterationen kann der notwendige Aufwand deutlich darüber hinausgehen. Ziel des Refinement ist es, genügend Arbeitsvorrat bereitzustellen, damit der Lieferprozess unterbrechungsfrei laufen kann. In der Regel bedeutet dies, dass das Refinement zwei bis drei Iterationen vorausläuft.

10.2 Estimating – die Machbarkeit bewerten

»Können wir das umsetzen?« Damit das Entwicklungsteam diese Frage beantworten kann, müssen die Anforderungen bewertet werden. Agile Teams sind dabei weniger an Aufwand und Kosten interessiert. Wichtiger ist die Frage der Machbarkeit. Methoden zu Bewertung und Schätzung helfen, eine gemeinsame Einschätzung zu erarbeiten. Dabei ist alles erlaubt, was hilft, die Meinungsbildung im Team zu fördern. Agile Schätzmethoden fragen nach relativen Größen: Was ist klein, was ist groß, was ist zu groß? Damit das gelingt, braucht es einen Referenzpunkt, etwa eine User Story aus dem letzten Sprint oder eine Aufgabe, die einen Tag Aufwand benötigt hat. Ausgehend von dieser Referenzstory bewertet die Entwicklungsmannschaft die Anforderungen relativ zueinander.

Schätzmethoden

Fist of Five – fünf Finger einer Hand. Ein einfaches Abstimmungsverfahren, mit dem auch große Gruppe schnell und unkompliziert ihre Einschätzung auf der Skala 0 bis 5 abgeben können. Gerne genutzt, beispielsweise um das Team-Commitment auf das Sprint Goal abzufragen.

Magic Estimating – Anforderungen werden auf dem Tisch oder Fußboden gemeinsam nach Größe sortiert. Gut geeignet für große Mengen von Anforderungen zu Beginn einer Umsetzung. Fördert die Diskussion im Team.

T-shirt Sizing – Anforderungen werden in T-Shirt-Größen gruppiert: S, M, L, XL. Gut geeignet für die grobe Bewertung beispielsweise im Release Planning. Eine Referenzstory ist hilfreich: Was ist die kleinste Story? Gruppierung erleichtert die Bündelung und Planung.

Story Pointing – relative Sortierung entlang einer Zahlenfolge bspw. 1,2,3,5,8,13,20. Die sogenannte Fibonacci-Reihe wird gerne genutzt, um Größenunterschiede hervorzuheben. Vorteil der Zahlenwerte ist die Möglichkeit, zu summieren und zu vergleichen.

Ideal Days – idealisierte Personentage. Wie lange dauert die Aufgabe, wenn ich nichts anderes mache? Der Vorteil der Personentage-Schätzung ist der direkte Bezug zu Kapazitätsplanung und ggf. Budget.

Agile Schätzungen sind Teamschätzungen: Der Austausch in der Gruppe verbreitert die Informationsbasis und fördert die kritische Diskussion. Die Qualität der Schätzung wächst mit der Vielfalt der Meinungen. Ebenso wichtig ist die Wirkung auf das Commitment der Teammitglieder. Mit der Diskussion der Anforderungen, Annahmen und Lösungswege entwickelt sich ein gemeinsames Verständnis. Die Frage »Schaffen wir das?« muss gemeinsam beantwortet werden.

Die Weisheit der Gruppe hat jedoch Grenzen. Ein Vorgesetzter im Raum, ein Seniorexperte, der eine Schätzung vorgibt: Gründe genug, die dazu beitragen, dass die Schätzung in die Irre läuft. Eine bewährte Vorgehensweise, um Vielfalt und Unabhängigkeit der Meinungen in der Diskussion zu fördern, ist das *Planning Poker.*

Planning Poker – wie das Schätzen im Team klappt

1. **Ziel:**
   - Eine gemeinsame Einschätzung zur relativen Größe einer Anforderung liegt vor.
2. **Vorher**
   - Abstimmung des Schätzverfahrens (bspw. über Story Points)
   - Klärung der Schätzskala (bspw. Fibonacci-Folge 1,2,3,5,8,13 …)
   - Festlegen der Dauer (bspw. Timebox pro Item 15')
3. **Hilfsmittel**
   - Planning Pokerkarten oder Apps
   - Klebepunkte und Pinnwände
4. **Teilnehmer**
   - Entwicklungsteam (verantwortlich), Product Owner (beratend)

5. **Ablauf**
   - Eine Anforderung wird vorgestellt, Fragen werden gestellt und beantwortet.
   - Jedes Teammitglied bildet sich eine Meinung. Die Einschätzungen werden gemeinsam und gleichzeitig offengelegt.
   - Die Gruppenmeinung wird ermittelt. Die Vielfalt der Schätzpunkt wird transparent gemacht, bspw. durch Klebepunkte auf einer Skala.
   - Falls keine gemeinsame Einschätzung vorliegt, beginnt die Diskussion von vorn. Extremwerte werden erläutert. Information, Annahmen, Befürchtungen, Lösungsansätze werden im Team offen und respektvoll ausgetauscht. Ziel ist es, eine Gruppenmeinung zu ermitteln, die für alle akzeptabel ist.

10.3 MuSCoW – notwendige und verzichtbare Anforderungen unterscheiden

Wenig überraschend: Die Diskussion über die Anforderungen ist nicht ohne Konfliktpotenzial. Die Erwartung des Product Owners und die Einschätzung des Teams bzgl. der Machbarkeit fallen nicht immer zusammen. Damit die Übersetzung von Anforderungen in Lösungsansätze gelingt, muss geklärt werden, welche Eigenschaften unverzichtbar, notwendig, welche wünschenswert oder gar verzichtbar sind. MuSCoW ist eine hilfreiche Methode, um Wichtiges und Unwichtiges deutlich zu unterscheiden. Es geht um die Unterscheidung in Must-haves, Should-haves, Could-haves und Won't-haves.

MuSCoW – Priorisierung nach Wichtigkeit und Auswirkung

Must-haves	unverzichtbar für den nächsten Liefertermin
Should-haves	notwendig, jedoch existiert eine Alternative, ein Plan B, falls die Lieferung nicht klappt
Could-haves	verzichtbar, aber sinnvoll und gewünscht
Won't-haves	nicht Bestandteil des Lieferobjektes, die Umsetzung ist (zu diesem Termin) nicht gewünscht

Die Abgrenzung der notwendigen Elemente von den wünschenswerten Anforderungen erleichtert die Diskussion. Schnell führen Unsicherheiten über Aufwände oder Risiken bei der Lösungsvariante dazu, dass das Team zurückhaltend und defensiv agiert. Eine Maßnahme in diesem Fall: Der Anteil der Could-haves wird größer. Dieser Risikopuffer an Backlog-Items ohne Team-Commitment muss natürlich immer mit den für das Sprint Goal notwendigen Anforderungen abgeglichen werden. Trotzdem lässt sich die Daumenregel formulieren: maximal 80% der Kapazität für Must- und Should-haves verplanen. Damit bleibt eine Buffer für verzichtbare Elemente, die bei Bedarf ohne schmerzhafte Einschnitte bei der Funktionalität zurückgelassen werden können.

10.4 Das Team Board – den Arbeitsprozess sichtbar machen

In der Umsetzung nutzen viele Teams Kanban Boards, um den Überblick zu behalten und sich abzustimmen. Team Boards sind hierfür eine einfache Variante, die auch dem Product Owner Einblick in den Arbeitsprozess gibt. Das Team Board basiert auf ein paar wenigen Prinzipien:

- **Transparenz** – Die drei bis fünf horizontalen Spalten stehen für die Arbeitsschritte im Prozess. Die Karten auf dem Board stehen für die zu bearbeitenden Elemente, Anforderungen und Aufgaben. Das Board lebt von Einfachheit und Verständlichkeit
- **Pull** – Die Karten bewegen sich von links nach rechts, sie werden gezogen. Aufgaben werden nach Bedarf und Kapazität gestartet. Die jeweils am wichtigsten bewertete Aufgabe wird begonnen, sobald eine andere abgeschlossen wurde, also Kapazität verfügbar ist.
- **Flow** – Wichtiger als die einzelne Karte ist der Durchsatz: der Flow. Das Board betrachtet den Prozess, es geht um Durchlaufzeiten, Warteschlangen und Qualität. Das Management des Prozesses bedeutet, Rahmenbedingungen sicherzustellen, die einen reibungslosen Ablauf ermöglichen.

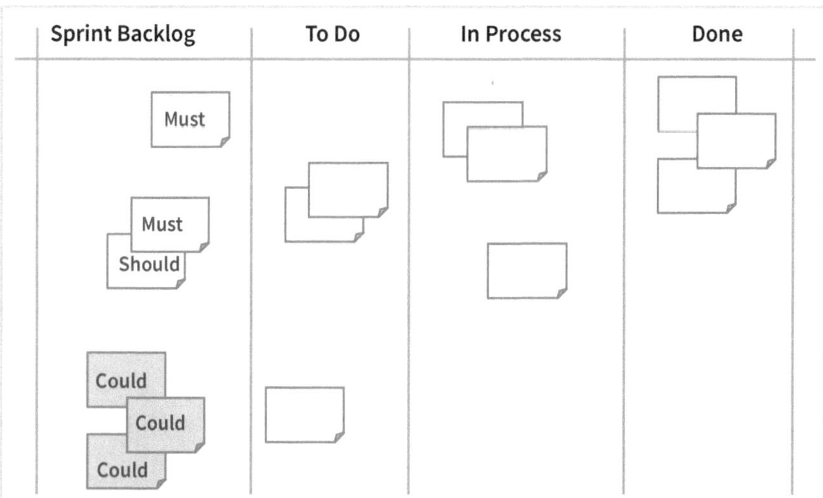

Abb. 37: Team Board

Ein beliebtes Format für das Team Board ist das Scrum Board. Diese einfache Variante reduziert den Arbeitsprozess auf drei Zustände:

- **Sprint Backlog**: Die abgestimmten Anforderungen bilden den Arbeitsvorrat für die Umsetzung. User Stories, Technical Stories oder auch Improver, die vorbereiteten Elemente des Product Backlogs stehen bereit. Es ist klar erkennbar, welche Anforderungen notwendig (must & should) und welche möglicherweise nicht umgesetzt werden können (could).
- **To Do**: Die Anforderungen sind in Aufgaben übersetzt. Es ist allen klar, wie die Umsetzung startet bzw. weitergeht. Viele Teams nutzen die Aufgabensicht, um sich auch über Abfolge und Verantwortlichkeiten bei der Bearbeitung abzustimmen. Nicht immer ist es notwendig, dass zu Beginn alle Anforderungen vollständig in Aufgaben zergliedert sind. Erfahrene Teams fahren hier durchaus auch auf Sichtweite, d. h., Aufgaben werden erst abgeleitet, wenn eine weitere Anforderung gestartet wird.
- **In Process**: bildet alle gestarteten, aber noch nicht abgeschlossenen Aufgaben ab. Ein Blick auf die Anzahl der gleichzeitig in Arbeit befindlichen Aufgaben ist hilfreich. Prozess-Zombies, also Aufgaben, die nicht vorangehen oder auch Warteschlangen in der Bearbeitung, sind deutliche Warnsignale für Probleme im Prozess.
- **Done**: Mit der Übergabe in den Bearbeitungsstatus *Done* wird die Aufgabe als abgeschlossen markiert. Die Qualitätsanforderungen der *Definition of Done* (*DoD*) umfassen die relevanten Kriterien. Für den Product Owner sind die Karten im Status *Erledigt* natürlich besonders interessant. Es gibt keinen Grund, bis zum Ende des Sprints mit der Abnahme zu warten.

Bei der Abarbeitung ist das Team selbstorganisiert. Die Frage, wie die vereinbarte Anforderung umgesetzt wird, liegt in der Verantwortung des Entwicklungsteams. Während der Umsetzung ist der Product Owner begleitend und unterstützend dabei. Für das Team ist der Product Owner in dieser Phase der Stellvertreter des Kunden. Eine aktive und frühe Kommunikation hilft, Überraschungen zu vermeiden. Was kann der Product Owner tun, um den Arbeitsprozess zu fördern?

- **Ready**: Rückfragen aus dem Team an den PO in der Umsetzung sind willkommen und wichtig. Je schneller Fragen beantwortet, je unkomplizierter Ideen ausgetauscht werden, desto besser. Verschleppte Unklarheiten bergen die Gefahr von Überraschungen am Ende des Sprints. Das Ad-hoc-Refinement während des Sprints trägt auch dazu bei, den Planungsaufwand zu verringern. Werden Detailfragen erst bei Bedarf während der Umsetzung geklärt, lassen sich Vorabspezifikationen auf ein Minimum reduzieren. Auch hier trägt das Pull-Prinzip dazu bei, Blindleistungen im Anforderungsmanagement zu verringern.

Readiness

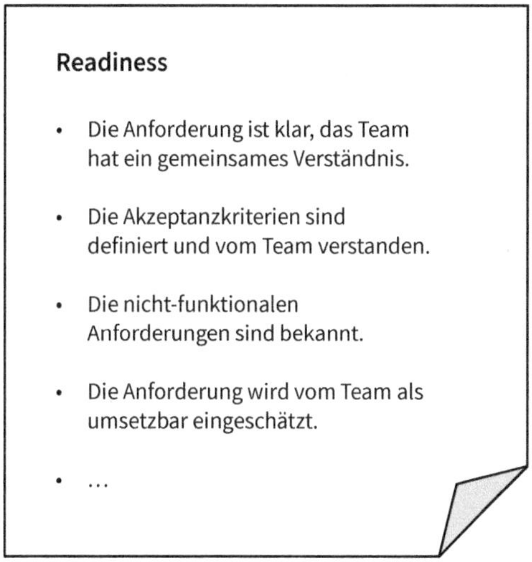

Abb. 38: Readiness

Welche Eigenschaft sollte eine gute vorbereitete Anforderungen haben? *Ready* steht für: bereit zur Umsetzung. Eine klare Vereinbarung zwischen Product Owner und Umsetzungsteam über notwendige Informationen, Darstellungsformen und auch Aufwand hilft beim Refinement. Die *Definition of Ready* ist eine einfache Kriterienliste, die diese Vereinbarung dokumentiert.

- **Done**: Es gibt keinen Grund, fertiggestellte Arbeitsergebnisse bis zum Abschluss des Sprints liegen zu lassen. Mit jeder User Story, die in die Spalte *Done* wandert, steht für den Product Owner eine Abnahme mit dem Entwickler an. So werden Fehler und Missverständnisse schnell erkannt und können früh behoben werden. Diese direkte Kommunikation zwischen Team und Product Owner ist einigen Teams so wichtig, dass eine weitere Spalte auf dem Board auftaucht. Mit der Unterscheidung von *Done* und *Completed* gibt es ein klares Signal an den Product Owner: bereit zur Abnahme. Der Entwickler signalisiert den Abschluss der Arbeit (*Completed*) und der Produkt Owner bestätigt – bestenfalls – mit *Done*. Ein bewährtes Vorgehen, gerade wenn der Product Owner nicht ständig mit dem Team zusammensitzt.

Definition of Done (DoD)

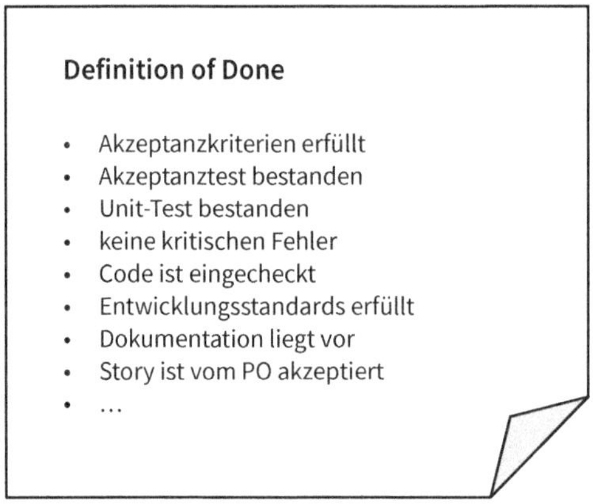

Abb. 39: Definition of Done

Wann ist eine Anforderung »fertig«. Die Definition of Done ist eine Vereinbarung im Team über die notwendigen Eigenschaften. Die Kriterien wachsen mit der Erfahrung, die DoD gibt eine Antwort auf die Frage: Was ist für uns Qualität? In der DoD sammelt und vereinbart das Team ihr Verständnis zu der Frage, welche Kriterien definieren die Qualität des Arbeitsergebnisses?

10.5 Burn-Down-Chart – den Arbeitsfortschritt im Auge behalten

Während der Umsetzung stehen die Anforderungen im Vordergrund, schließlich geht es um die Lieferung der zugesagten Funktionen. Doch nicht nur am Ende des Lieferzyklus stellt sich die Frage: Wie gut klappt der Prozess? Ein beliebtes Hilfsmittel, um diese Diskussion zu führen, ist das Burn-Down-Chart.

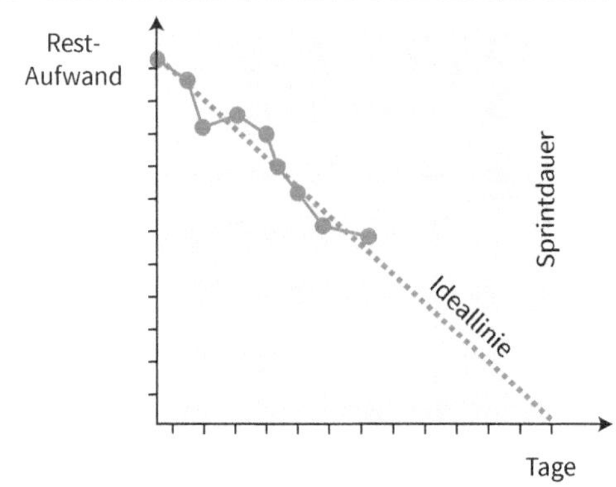

Abb. 40: Sprint Burn-Down-Chart

Wie lässt sich die Grafik lesen? Auf der horizontalen Achse ist die Dauer des Umsetzungszyklus, beispielsweise des Sprints, in Tagen abgebildet. Auf der vertikalen Achse findet sich der Restaufwand zu den jeweiligen Zeitpunkten. Die Schätzung des Restaufwandes erfolgt regelmäßig in Arbeitsstunden oder anderen Bewertungseinheiten (z. B. Story Points). Der Startpunkt der Verlaufslinie ist das abgestimmte Backlog zu Beginn der Iteration. Mit jedem weiteren Datenpunkt zeichnet sich der Arbeitsfortschritt als Trendlinie ab. Burn-Down, also eine fallende Linie, ist ein klares Zeichen, dass es vorangeht: Der Restaufwand sinkt. Zugleich gibt der Burn-Down Einblick in den Lieferprozess, Probleme können auf diese Weise früh erkannt werden. Klar ist, es gibt Verlaufsmuster, die das Team und den Product Owner auf kritische Probleme im Prozess aufmerksam machen.

BURN-DOWN-CHARTS – WELCHE SIGNALE GIBT ES?

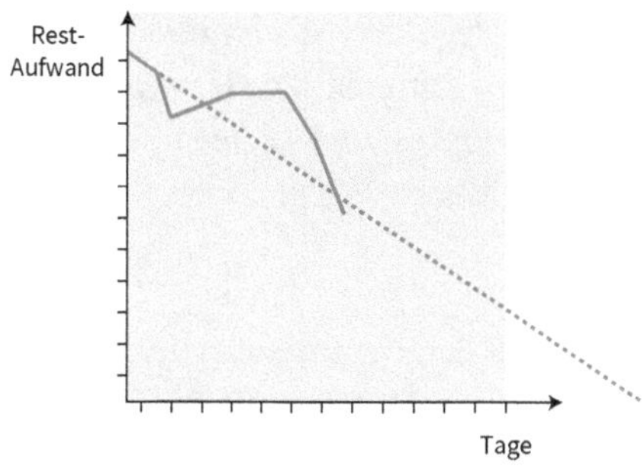

Abb. 41: Ideallinie

Ideallinie: Die Trendline liefert eine Vorhersage, ob es mit dem bisherigen Arbeitsfortschritt gelingen wird, den vereinbarten Umfang zu liefern. Falls die Ideallinie erst nach dem Sprintende auf die Zeitachse trifft, sollte der Product Owner das Gespräch mit dem Team suchen. Die Arbeit geht langsamer voran als erwartet. Das Sprint Goal ist in Gefahr.

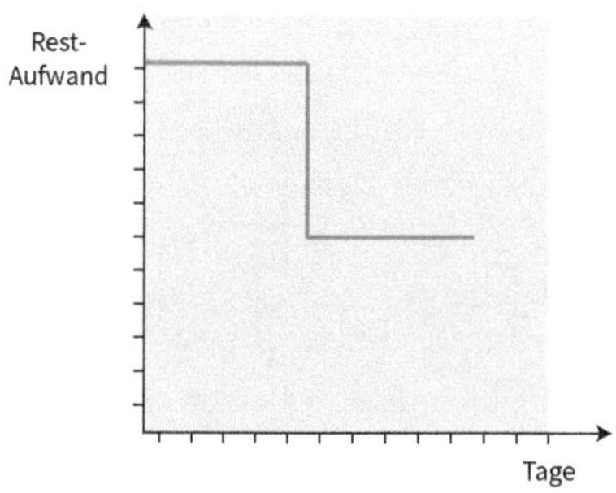

Abb. 42: Late Acceptance

Late Acceptance: Eine Trendlinie mit Treppenstufen oder abrupten Sprüngen kann verschiedene Ursachen haben. Eine davon: Es gibt Flaschenhälse im Prozess. Möglicherweise sind Tests oder Abnahmen vereinbart worden, die als Engpass auf den Fertigungsprozess wirken. Der holprige Verlauf des Burn-Downs verdunkelt die Transparenz über den Grad der Fertigstellung.

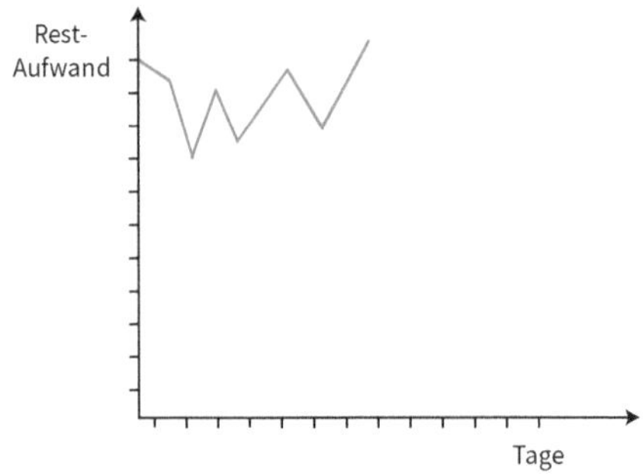

Abb. 43: Scope Creep

Scope Creep: Das Projekt gestaltet sich umfangreicher als geplant. Ist der Product Owner möglicherweise das Problem? Verläuft die Trendlinie gezackt mit deutlichen Ausschlägen nach oben, ist die Ursache häufig bei den Anforderungen zu finden. Nachträgliche Anforderungen oder Veränderungen nach dem Start des Sprints sind für den Lieferprozess ein Problem. Änderungen im Sprint Backlog sollten nur in Ausnahmefällen auftreten. Sie beschädigen den Prozess und das Team-Commitment.

Die Signale aus dem Burn-Down-Chart können zur Folge haben, dass bereits zugesagte Anforderungen und Lösungsansätze hinterfragt werden müssen. Wurden bei der Aufwandschätzung durch das Team Aufgaben übersehen oder Aufwände zu optimistisch bewertet? Lassen sich Aufgaben vielleicht anders verteilen, sodass die Umsetzung besser gelingt? Auch der Product Owner ist gefordert, die Must-haves und die Could-haves, also die zwingend notwendigen und die verzichtbaren Anforderungen und Eigenschaften, zu überdenken. Die Leitfrage in dieser Diskussion ist: Wie können wir die Lieferzusage einhalten? Mögliche Ansatzpunkte für die Analyse können sein:

- **Queues**: Das Backlog ist der Arbeitsvorrat des Lieferprozesses. Die Liste der Anforderungen und Aufgaben lässt sich als Warteschlange – Queue – interpretieren. Für die Steuerung des Prozesses sind Warteschlangen ein wichtiges Signal. Je kürzer die Warteschlange, desto höher die Umsetzungsgeschwindigkeit. Nicht immer lassen sich Warteschlangen vermeiden. Jedoch sollte sichergestellt sein, dass die wichtigsten Elemente als erstes bearbeitet werden. Für den Product Owner bedeutet das: kontinuierliches Bewerten und Priorisieren.
- **Work In Progress (WIP)**: Die WIPs sind Aufgaben, die gestartet, aber noch nicht abgeschlossen sind. Das Problem dabei: Jede weitere Aufgabe bindet Ressourcen und erzeugt Wechselkosten. Die Wirkung dieses Multitaskings auf die Produktivität ist fatal. Bereits bei wenigen, gleichzeitig zu erledigenden Aufgaben sinkt die Produktivität deutlich. Das Pull-Prinzip hilft dabei, diese WIP-Bestände unter Kontrolle zu bringen: Erst wenn eine Aufgabe abgeschlossen wurde, wird die nächste gestartet. Auf diese Weise passt sich die Arbeitslast an die Engpassfaktoren des

Prozesses an. Staus werden vermieden und die Durchlaufzeit wird erhöht. Der Product Owner kann das Team durch frühe Abnahmen und klare Qualitätskriterien unterstützen.

- **Batch Size**: Die Größe der Arbeitselemente hat einen direkten Einfluss auf die Liefergeschwindigkeit. Je kleiner die zu erledigende Aufgabe, desto früher kann die Umsetzung abgeschlossen werden. Die Readiness der Backlog-Elemente bedeutet, dass die Paketgröße gut auf den Arbeitsprozess abgestimmt ist. Ein Beispiel hierfür ist die maximal akzeptierte Größe einer User Story in Story Points.

ARBEITSMATERIALIEN

- Sind die Anforderungen gut vorbereitet – kleinteilig, bewertet und abgestimmt?
- Ist der Arbeitsprozess vereinbart – Done, Ready und Team Board?

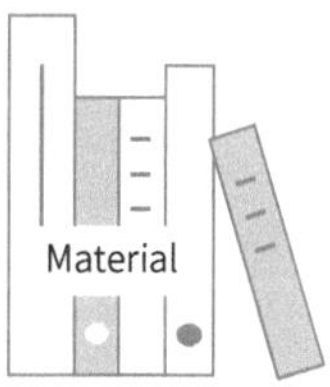

- The Principles of Product Development Flow: Second Generation Lean Product Development. Donald G. Reinertsen (2009)
- Agiles Produktmanagement mit Scrum: Erfolgreich als Product Owner arbeiten. Roman Pichler (2013)
- The Professional Product Owner: Leveraging Scrum as a Competitive Advantage. Don McGreal und Ralph Jocham (2018)

11 Agile Planung – auf Sichtweite steuern

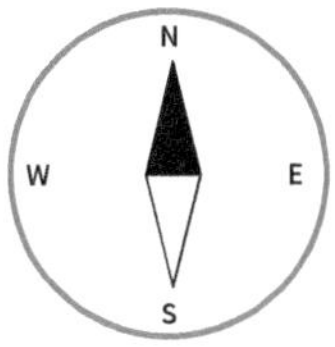

Die Planung erfolgt auf Sichtweite, ein adaptiver und fortlaufender Prozess. Mit jeder Feedbackschleife wird der Plan hinterfragt und der Arbeitsvorrat aktualisiert. Änderungen sind willkommen. Die agile Planung liefert die Leitplanken, um in der Umsetzung die strategischen Ziele nicht aus den Augen zu verlieren.

- Welche Planungshorizonte sind hilfreich?
- Wie funktioniert eine agile Release-Planung?

Mit jedem Lieferzyklus wächst das Produkt. Schrittweise, inkrementell entstehen aus Anforderungen Lösungen. Mit der kontinuierlichen Arbeit am Arbeitsvorrat, dem Product Backlog, stabilisiert sich der agile Arbeitsrhythmus aus Liefern-Bewerten-Verbessern. In der Umsetzung der Epics und Features haben das Team und der Product Owner einen klaren Orientierungspunkt: die Product Vision (siehe Kapitel 3.4).

»Life on Mars« – das Potenzial agilen Vorgehens

Life on Mars, die Product Vision des Raumfahrtunternehmens SpaceX, ist ohne Zweifel ambitioniert. Natürlich sind viele der aktuellen Projekte des Unternehmens mit Aufgaben beschäftigt, die im Vergleich zur Unternehmensvision einfach wirken. Die Entwicklung der Falcon-9-Rakete ist ein Beispiel für die agile Innovationskultur des Unternehmens. Am 8. April 2016 gelang es dem SpaceX-Team erstmals, eine Rakete aus dem All unversehrt zurückkehren zu lassen. Die Landung gelang aufrechtstehend auf einer schwimmenden Plattform im Atlantik. Eine technische Meisterleistung, die erst nach unzähligen Versuchen glückte. Die adaptive Regelung des Booster-Moduls auf hoher See zeigt eindrucksvoll das Potenzial der agilen Vorgehensweise bei der Lösung von komplexen Problemen und dynamischen Anforderungen.

Life on Mars ist in der SpaceX-Kultur ein Kompass, um in der Vielzahl von Herausforderungen das strategische Ziel nicht aus den Augen zu verlieren. Mit jedem neuen Projekt, mit jedem Lieferzyklus ist die Frage verbunden: Welchen Nutzen hat dieses Investment für das Erreichen der Vision? Agile Planung ist hochgradig adaptiv. In jedem Planungszyklus wird ohne Vorbehalte die in diesem Moment wertvollste, wichtigste Anforderung angegangen. Dieser radikale Opportunismus ist effektiv, wenn es gilt, schnell wirksame Ergebnisse zu liefern. Jedoch birgt diese Vorgehensweise Gefahren. Die inkrementelle Vorgehensweise schreitet tastend voran, von einem Lösungsentwurf zum nächsten. Damit besteht die Gefahr, in einer Sackgasse zu landen. Ein lokales Optimum bei der graduellen Verbesserung lässt sich vermeiden, wenn es einen strategischen Kompass und operative Leitplanken gibt. Die Product Vision muss in einen Umsetzungsplan übersetzt werden.

11.1 Release Planning – der rollierende Ausblick

Agile Planung erfolgt auf Sichtweite, ist fortlaufend, rollierend. Anpassungen sind notwendig und willkommen. Der Planungshorizont, die zeitliche Tiefe des Umsetzungsplans, variiert. Während das Entwicklungsteam auf die nächste Iteration fokussiert ist, wird das Produktmanagement über den nächsten Lieferzyklus hinausdenken. Releases und Meilensteine helfen dabei, Abhängigkeiten zu erkennen, Rahmenbedingungen sicherzustellen und die Erwartungen der Stakeholder zu bedienen.

Die Planungshorizonte bauen aufeinander auf. Besonders dabei, die agile Planung kann sowohl Top-down, also von der strategischen Vorgabe in die Umsetzung, also auch Bottom-up, beispielsweise vom Kundenfeedback zur Product Vision, wirken. Die Planungsebenen sind miteinander verzahnt. Im Unterschied zu herkömmlichen, plangetriebenen Managementansätzen verlagert die agile Vorgehensweise den Schwerpunkt. Ein Plan ist notwendig und hilfreich, jedoch viel wichtiger ist das Umsetzung und Anpassen. Ähnlich wie einen guten Wetterbericht nehmen wir ihn zur Kenntnis, doch sind vorbereitet auf Änderungen.

Welche Planungsebenen sind sinnvoll?

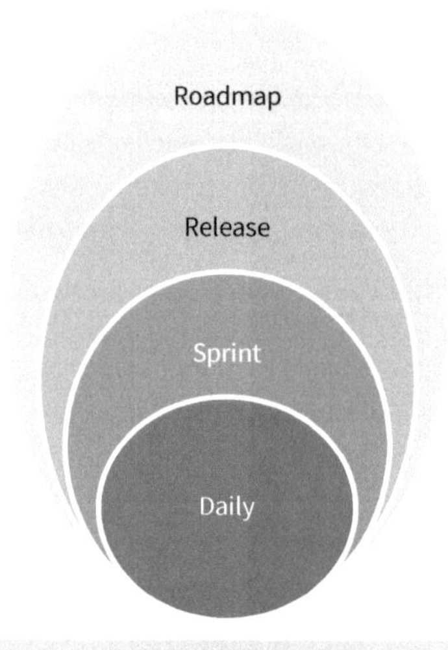

Abb. 44: Planungsebenen

- **Daily**: Was haben wir seit gestern fertiggestellt? Was nehmen wir uns für heute vor? Die operative Abstimmung im Umsetzungsteam ist alltägliche Arbeitspraxis. Die Synchronisation im Team dient dazu, frühzeitig Abweichungen zu erkennen und das weitere Vorgehen auf kurzem Wege direkt abzustimmen. Agile Teams nutzen dafür Formate wie Daily Scrums, Stand-ups oder Sync-Calls. Der kurze, regelmäßige Termin hilft dabei, Transparenz sicherzustellen und die Selbstorganisation zu fördern. Auf der Arbeitsebene geht es um die Frage: Wie setzen wir die vereinbarten Anforderungen um? Der Product Owner ist in dieser Diskussion nur beratend beteiligt. Die Verantwortung liegt im Team.
- **Iteration**: Die agile Lieferiteration ist kurz, es geht um die nächsten zwei bis vier Wochen. Agile Teams sprechen von Sprints, Iterationen oder (Mini-)Projekten und meinen damit den nächsten Takt im Lieferzyklus. Ein realistischer und abgestimmter Plan skizziert die Umsetzungstrecke und bildet die Grundlage für das Team-Commitment. Die Planung der Iteration sollte zwei Fragen beantworten: Was wollen wir machen? Wie kommen wir dorthin?
- **Release**: Der Blick auf die nächsten drei bis sechs Monate ist wichtig, sobald wir über die User Story und den Sprint hinausdenken wollen. Features und Epics sind dafür ein Anlass, sie lassen sich nicht in einem Sprint realisieren. Das Feedback aus den Reviews fließt fortlaufend, das Product Backlog verändert sich und so ist auch der Release-Plan ein Schnappschuss. Inhalte, Termine und Kosten der Umsetzungsstrecke entwickeln sich kontinuierlich weiter. Die Transparenz auf mittlere Distanz hilft dem Product Owner, dem Team und den Stakeholdern, Abhängigkeiten zu erkennen und Rahmenbedingungen sicherzustellen.
- **Roadmap**: Die Umsetzung ist Teil eines Portfolios. Existierende Produkte, Neuentwicklung oder auch verbundene Systeme und Zulieferer müssen im Zusammenhang betrachtet werden. Die Roadmap koppelt die Umsetzung an die strategischen Themen. Der Zeitraum ist auf Monate und Quartale ausgelegt. Inhaltlich geht es um Epics und Enabler. Die Roadmap-Perspektive hilft bei der Diskussion des Portfolios. Wie sieht beispielsweise die Balance zwischen Neuentwicklungen und Bestandspflege aus? Welche Komponenten werden zugekauft, welche selbst entwickelt?

Die Planungssichten der unterschiedlichen zeitlichen Ebenen sind miteinander verbunden. Die Instrumente und Darstellungsformen unterscheiden sich. Gemeinsam ist allen Ebenen der Lean-Ansatz. Jede Planungsebene lässt sich als Warteschlange verstehen. Die Backlogs der einzelnen Ebenen sind der Arbeitsvorrat der nächsten Prozessebene. Die Arbeitselemente wandern auf diese Weise schrittweise durch den Prozess.

DIE KANBAN-KASKADE

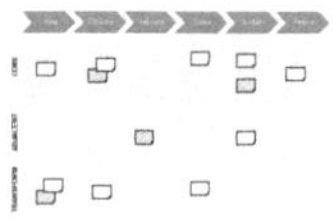

Portfolio Board: bildet den Lebenszyklus des Produkts in Prozessphasen ab. Das Portfolio übersetzt die Innovationsstrategie in Produkte und Projekte. Der Planungshorizont ist mittel- bis langfristig. Die Steuerung liegt im Produktmanagement und umfasst Themen, Termine, Budgets und Ressourcen. (siehe Kapitel 4)

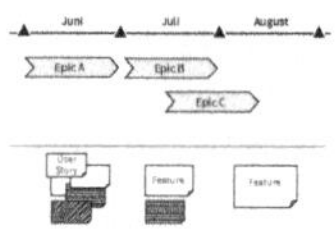

Roadmap: bildet mittelfristige Produktstrategie ab. Die Roadmap koppelt fachliche Anforderungen und technische Voraussetzungen mit der zeitlichen Abfolge und den organisatorischen Kapazitätsbeschränkungen. Die Epics, Features und Enabler liefern den Arbeitsvorrat für die Umsetzung. (siehe Kapitel 13)

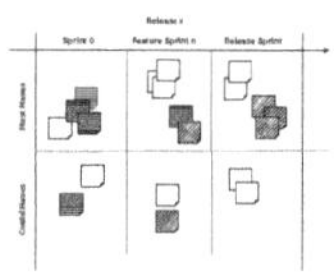

Release Board: bildet den Umsetzungsplan für den aktuellen Release-Zyklus ab. Das Release Board verbindet auf Teamebene Anforderungen mit Terminen und Verantwortlichkeiten. Das Release Board hilft bei der Steuerung der Abhängigkeiten und legt die Basis für das Fortschritts-Controlling im Projekt. (siehe Kapitel 11)

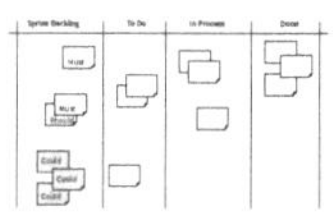

Team Board: bildet eine Iteration auf Teamebene ab. Das Team Board verknüpft Anforderungen, Aufgaben und Abnahmekriterien. Das Board gehört dem Umsetzungsteam, erhöht die Transparenz und erleichtert die Koordination. (siehe Kapitel 10)

Auf jeder Ebene des Prozesses lassen sich die Board-Elemente nutzen, um die Transparenz zu steigern und den Arbeitsprozess zu steuern. Dabei helfen die Kanban-Prinzipien:

- **Focus the Flow**: Im Zentrum steht der kontinuierliche Lieferstrom – die drei bis fünf Hauptschritte des Prozesses gliedern den Ablauf. Das Augenmerk liegt auf dem Ablauf, nicht auf den Einzelelementen. Der Flow folgt dem Pull-Prinzip, d. h., die Arbeitselemente werden nach Bedarf gezogen. So gelingt es, Durchlaufzeiten und Lieferqualität gleichermaßen sicherzustellen.
- **Visualize the Work**: Die Visualisierung der Arbeit steigert die Transparenz, damit werden Auslastung, Bearbeitungsdauer und Liegezeiten sichtbar. Die Granularität der Elemente ist abhängig von der Planungssicht. Während auf Teamebene Aufgaben abgebildet werden, sind es im Portfolio Board eher Projekte. Ziel ist es, die Transparenz zu steigern.
- **Manage Queues**: Die Vermeidung und Steuerung von Warteschlangen benötigt Messpunkte und Kennzahlen. Mit jedem Arbeitselement lassen sich beispiels-

weise Start und Ende der Bearbeitung dokumentieren. Die Durchlauf-, Warte- und Liegezeiten sind Indikatoren für Engpassfaktoren und Warteschlangen.
- **Make Policies explicit**: Die Spielregeln der Zusammenarbeit sind klar. Damit die Arbeitsschritte nahtlos ineinandergreifen und Missverständnisse die Ausnahme sind, sollten Kriterien und Vorgehensweise offengelegt werden. Wie definieren wir Qualität? Wie erfolgen Freigaben? Das gemeinsame Verständnis reduziert den Aufwand für Planung und Koordination.
- **Improve continuously**: kontinuierliche Verbesserung – das Board dokumentiert den Status. Damit lassen sich Schwachstellen und Potenziale leicht erkennen. Eine regelmäßige Diskussion über den Ablauf und die mögliche Verbesserung gehören dazu. Die Arbeit im Prozess erfordert die Arbeit am Prozess.

11.2 Release-Strategie – auf dem Weg zum kontinuierlichen Lieferstrom

Die Planung der Umsetzung folgt dem Lieferrhythmus. Das Leitbild der agilen Entwicklung ist klar formuliert: *Continuous Delivery*. Ein fortlaufender Strom aus Lieferobjekten, die in kurzen Umsetzungszyklen bereitgestellt werden, ermöglicht funktionale Releases.

RELEASE-STRATEGIE

Major Release wenige Liefertermine (bspw. zweimal jährlich), die umfangreiche Neuerungen bereitstellen	• geringe Bereitstellungskosten pro Feature • hohe Anpassungs- und Einführungsaufwände beim Nutzer • hohes Risiko für Produzent und Nutzer durch spätes Feedback und aufwendige Absorption
Minor Release Ad-hoc-Bereitstellung von ergänzenden Funktionen oder Fehlerbehebungen	• erhöhte Kosten im Entwicklungsprozess durch parallele Entwicklungsstränge • geringere Absorptionskosten und höhere Flexibilität in der Produktentwicklung
Functional Release modulare Bereitstellung von Features nach Fertigstellung, ohne Verzögerung	• frühe und häufige Lieferungen • geringes Risiko, geringe Absorptionskosten • agiler Entwicklungsprozess mit hoher Effizienz

Das häufige Feedback ermöglicht eine adaptive Steuerung, die auf Abweichungen schnell reagieren kann. Ebenso wichtig: Die frühe Lieferung bedeutet für den Kunden eine frühere Nutzung. Die *Cost of Delay*, also Kosten, die durch eine spätere Bereitstellung entstehen, sinken mit steigender Lieferfrequenz. Klar ist, die Kosten der Bereitstellung laufen entgegengesetzt. Mit zunehmender Release-Frequenz steigen die Aufwände für Integration, Test und Einführung. Natürlich sind diese Bereitstellungsaufwände nicht fix, je höher der Automatisierungsgrad im Entwicklungsprozess, desto geringer machen sich die Bereitstellungskosten bemerkbar. Daran lässt sich also arbeiten. Jedoch bleibt die Herausforderung für das Produktmanagement eine agile Release-Strategie festzulegen, die die beiden Effekte ausbalanciert.

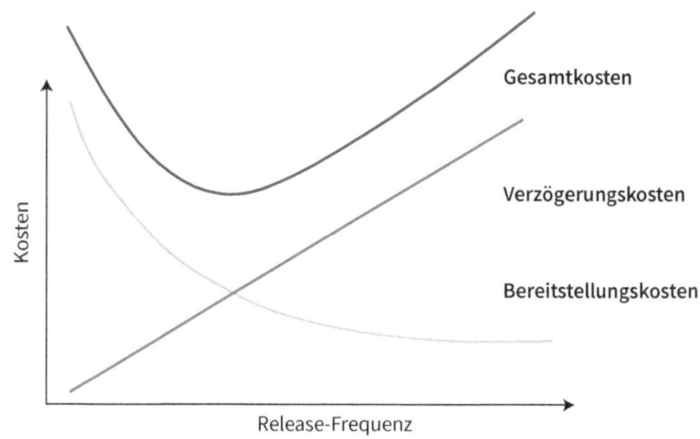

Abb. 45: Release-Kosten

11.3 Release Guardrails – die Leitplanken für die Umsetzung festlegen

In der Umsetzungsplanung muss häufig ein Kompromiss gefunden werden. Das Anliegen des Product Owners – *früh und häufig zu liefern* – steht den Beschränkungen des Lieferprozess entgegen, die sich aus der Integration der Einzelteile, der Qualitätssicherung vor Produktionsbeginn und Aufwänden für Einführung und Vermarktung ergeben. In der Planung lassen sich diese Elemente als Leitplanken (*Guardrails*) abbilden. Eine beliebte Vorgehensweise dafür – die Schneidung des Releases in Iterationen mit klar definierten Schwerpunkten und Ergebnissen:

- **Sprint Zero:** Die ersten Sprints sind geprägt durch vorbereitende Arbeiten. Die Arbeitsfähigkeit des Teams wird sichergestellt und die Infrastruktur eingerichtet. Sprint Zero steht für diese Arbeitsvorbereitung – Schwerpunkte sind das Refinement und die Planung. Sprint Zero liefert das initiale Produkt Backlog sowie den Release-Plan.

- **Design Sprints**: In den ersten Sprints ist die Unsicherheit groß. Umso wichtiger, dass es Zeit zum Lernen und Experimentieren gibt. Design-Sprints geben viel Raum für Enabler. Die Erwartung an den Design-Sprint ist nicht das lieferfähige Ergebnis, sondern es geht um Entscheidungsoptionen und Lösungskonzepte. Das Lieferobjekt der Designphase ist ein validiertes Lösungskonzept und ein stabiles Feature Set im Product Backlog.
- **Feature Sprints**: Die Umsetzung des Product Backlogs rückt in den Mittelpunkt. Der Anteil der Features mit 70 bis 90% an der Gesamtkapazität überwiegt deutlich. Die Definition of Done zielt auf vollständige Integration und Fehlerfreiheit. Der Anteil der Enabler geht zurück und die Improver-Aufwände sind zunehmend mit Optimierung und Fehlerbehebung belegt. In den Feature-Sprints nutzt der Product Owner das Feedback aus den Reviews, um die Anforderung weiterzuentwickeln. Änderungen sind willkommen.
- **Release Sprints**: Mit dem Abschluss der Feature-Entwicklung stehen die Übergaben und die Produktion an. Die funktionale Weiterentwicklung läuft aus. Die technischen Schulden werden beglichen, die Integration wird abgeschlossen. Der Anteil der Improver ist sehr hoch. Features und Enabler treten deutlich zurück. Die Erwartung an den Release-Sprint: Abnahme und Produktionsvorbereitung.

Mit der Festlegung der Release-Strategie und der Definition der Guardrails steht der Planungsrahmen. Im nächsten Schritt müssen Inhalte und Termine zusammengelegt werden. Eine wichtige Grundlage dafür: Wie lange dauert die Umsetzung?

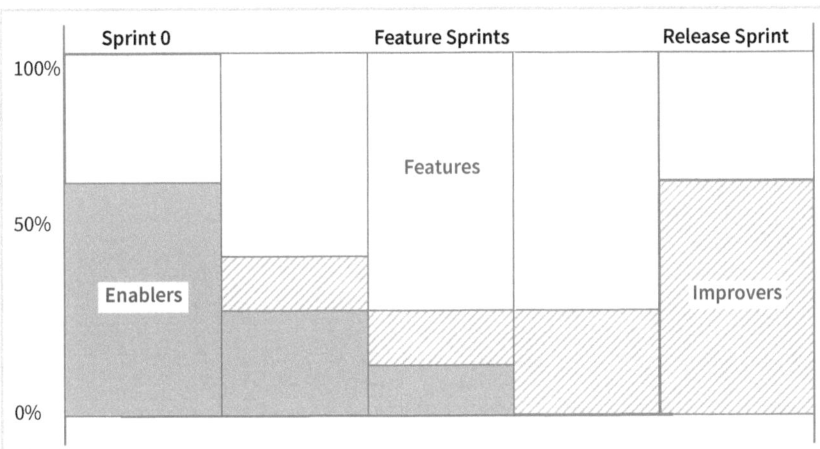

Abb. 46: Guardrails

11.4 Release Board – den Planungshorizont visualisieren

Die Sprints gliedern die zeitliche Abfolge. Die einzelnen Iterationen werden aus dem Product Backlog aufgefüllt. Es gilt das Pull Prinzip, die Anforderungen werden nach Wichtigkeit gezogen. Sobald die Kapazität einer Iteration gefüllt ist, geht es zur nächsten. Eine wichtige Grundlage dafür: Die Produktivität der vergangenen Sprints – die *Velocity*.

Die Velocity, also die Geschwindigkeit, mit der Anforderungen in Lösungen umgesetzt werden, ist eine Kennzahl, um die Produktivität eines agiles Teams zu beschreiben. Die Herleitung ist einfach: die Anzahl der fertiggestellten Elemente pro Iteration. Sinnvoller ist die Velocity ein gleitender Durchschnitt bspw. der letzten drei Sprints. Auf diese Weise werden Schwankungen ausgeglichen und eine stabile, belastbare Liefergeschwindigkeit ermittelt. Natürlich lässt sich dieses Vorgehen noch verfeinern. Beispielsweise könnte die unter Normalbedingungen realistische Velocity ergänzt werden mit einer pessimistischen Einschätzung. Der Unterschied zwischen realistischem und optimistischem Verlauf liefert die Basis für einen Risikopuffer in der Release-Planung.

Zumindest alle Must-Haves, also alle unverzichtbaren Anforderungen, sollten mit einer realistischen, normalen Velocity abdeckt sein. Über die Zeit nimmt der Anteil der Enabler tendenziell ab, die Improver hingegen wachsen an. Den Schwerpunkt im Verlauf bilden die Features. Der Release-Board gibt Antworten auf die Frage: Was wird wann geliefert?

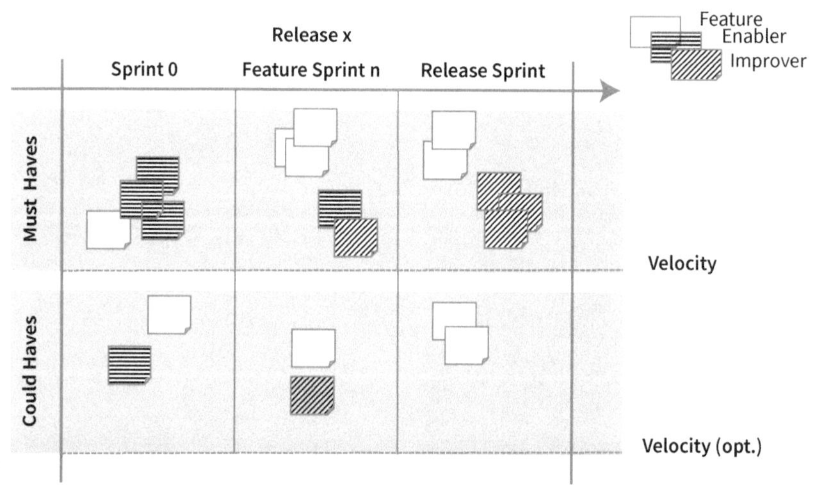

Abb. 47: Release Board

ARBEITSMATERIALIEN

- Welche Planungshorizonte benötigen wir? (Roadmap, Release, Sprint)
- Welche Release-Strategie ist sinnvoll?
- Mit welchen Annahmen planen wir das Release? (Dauer, Produktivität, Sprints)
- Wie sieht Ihr Release Board aus?

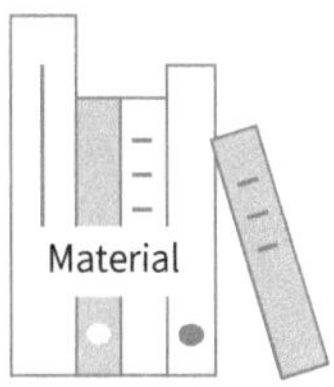

- Agile Estimating and Planning. Mike Cohn (2006)
- Agile Project Management with Kanban. Eric Brechner (2015)

12 Scrum & Co – welche Methode passt zu uns?

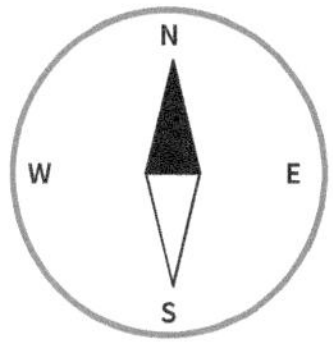

Wir kennen die agilen Prinzipien und haben einen Überblick über den Entwicklungsprozess. In diesem Kapitel geht es um agile Methoden, den Werkzeugkoffer. Für unterschiedliche Aufgaben braucht es unterschiedliche Werkzeuge. Welcher Ansatz passt zu uns?

Klar ist, eine perfekte Passung gibt es nicht, die Methoden müssen mit dem Produkt wachsen. Eine Schwierigkeit dabei: Viele der Ideen entstammen aus der Arbeitswelt von digitalen Produkten und kleinen Teams. Nicht alles, was in der Softwarefertigung machbar ist, lässt sich übertragen auf andere Produkte. Nicht alles, was in einem Start-up gelingt, funktioniert in einem Konzern. Wir werfen einen Blick auf die Methodenlandschaft. Ziel ist es, Kriterien für die Auswahl des passenden Methodenansatzes zu finden.

Was zeichnet gute Produktentwicklung aus? Natürlich sind es die Ergebnisse der Zusammenarbeit, die Produkte, an denen der Erfolg gemessen wird. Doch es gibt eine zweite Perspektive: die Managementaufgabe, also das Planen und Steuern. Von der Idee bis zur Lösung, von der Anforderung bis zum Betrieb: Mit jedem Arbeitsschritt geht es voran. Aus der Idee wird ein Konzept, aus dem Konzept eine Lösung. Den Praktikern ist klar, eine Schätzung von Termin und Kosten zu Beginn des Projekts ist herzlich unscharf, häufig nicht mehr als Kaffeesatzleserei. Mit dem Projektverlauf muss die Qualität der Schätzungen, die Zuverlässigkeit der Planungen besser werden. Schließlich, mit der Übergabe an die Produktion oder den Betrieb, gibt es in der Regel nur noch wenig Toleranz für Schwankungen und Unsicherheit. Kurz: Aus dem Unbekannten wird Bekanntes. Dem Produktmanager gelingt es, Unsicherheit zu reduzieren und Kontrolle zu übernehmen. So die Idee.

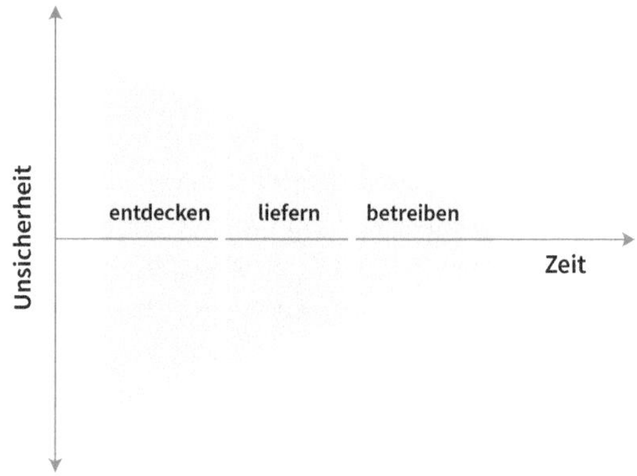

Abb. 48: Methodenschwerpunkte

Die Aufgaben auf der Umsetzungsstrecke unterscheiden sich. Die Anforderungen sind in Bewegung, der Kunde und auch das Team lernen dazu: Was ist gefordert, wie klappt die Umsetzung? Je größer die Dynamik im Produkt, desto wichtiger ist das Lernen und Verbessern. Gleiches gilt für die Umsetzung. Nicht alle Lösungswege sind zu Beginn bekannt. Welche Methoden, welche Arbeitsweise passen zur Aufgabe?

12.1 Design Thinking – auf der Suche nach Lösungen

Welche Produktideen gibt es? In dieser frühen Phase ist vieles unklar. Die Produktvision ist unscharf, die Rahmenbedingungen unbekannt. Zwei Herausforderungen prägen die Startphase einer neuen Entwicklung: 1. Wie lässt sich der Innovationsimpuls wecken, um viele, unterschiedliche Ideen zu generieren? 2. Wie können die Ideen bewertet, also vielversprechende Kandidaten erkannt und ausgewählt werden? Die Arbeitsmethoden in dieser Phase unterstützen den Innovationsprozess. Es geht um Kreativität, Vielfalt und Freiräume. Die Designmethoden liefern Entwürfe und Entscheidungsoptionen.

Design Thinking: Freiräume für neue Ideen organisieren

An der Werkbank in der Mitte des Arbeitsraums stehen die Kollegen aus dem Grünflächenamt, dabei sind auch die Experten vom Nahverkehr und zwei neue Mitarbeiter aus der Verwaltung. Gemeinsam arbeiten sie mit Schere, Kleber, Papier und Stiften. In der Mitte des Tisches entsteht eine Stadt. Die Papiergebäude sind wackelig, doch man erkennt deutlich den Kindergarten, die Fahrradwege und die Parkflächen am Stadtrand. Das Team hat sich 45 Minuten genommen, um einen Entwurf seiner Idee zu liefern. Am Nachmittag sind die Vertreter der Stadtteilbüros eingeladen. Alle sind gespannt auf die Reaktionen. Die Idee des autofreien Wohnviertels wird sicherlich zu kontroversen Gesprächen führen.

Was ist das? Design Thinking steht für einen strukturierten Prozess des kreativen Suchens, Sammelns und Verdichtens. In kurzen Lernzyklen von wenigen Tagen formuliert das Team Ideen, skizziert, testet und bewertet Lösungsansätze. *Fail forward*, das *Vorwärtsscheitern*, beschreibt das Prinzip des experimentellen Arbeitens, des Lernens aus Fehlern. Die Suche startet bei den Bedürfnissen und Problemen. Design Thinking fragt nach dem Warum und nimmt dafür die Sicht des Kunden und Nutzers ein. Je mehr Vielfalt in der Diskussion, je breiter der Horizont der beteiligten Perspektiven, desto ergiebiger die kreative Suche. Der Junior und der Senior, der Mitarbeiter aus der Produktion und der Vertriebskollege: Der Design-Thinking-Workshop bringt Sichtweisen zusammen. Das Team arbeitet in einem geschützten Raum, eine Hierarchie gibt es bei der Zusammenarbeit nicht. Ein Moderator begleitet den Prozess. Die Zusammenarbeit ist offen, respektvoll, aufbauend und inspirierend. Die Arbeitsmittel und Räume erleichtern den kreativen Austausch und das spielerische Ausprobieren. Ziel des Tages ist es, anfassbare Ergebnisse zu liefern. Papierprototypen oder Lego-Entwürfe, die im Gespräch mit den Kunden und Nutzern helfen, Ideen zu verdeutlichen und Feedback zu bekommen.

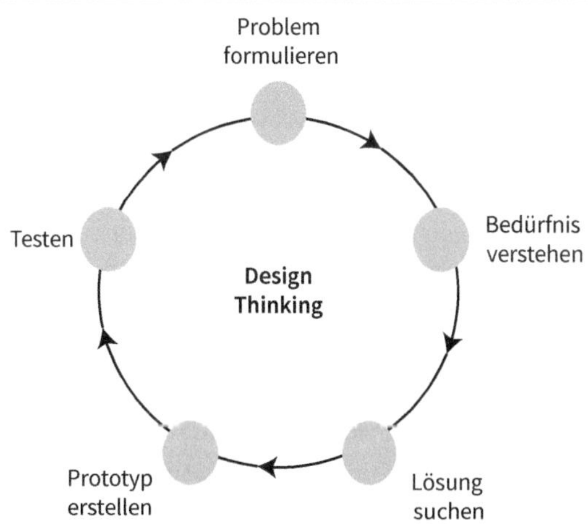

Abb. 49: Design Zyklus

Wie funktioniert es?

- **Problemdefinition**: »How might we ...«: Wie könnten wir das Problem für unsere Zielgruppe innerhalb der Rahmenbedingungen lösen? Im Zentrum stehen der potenzielle Nutzer und die Zielgruppe. Die Formulierung des Problems hilft dem Team, sich zu orientieren. Das Problem beschreibt die Erwartung, nicht die Lösung. Die Rahmenbedingungen grenzen den Lösungsraum ein. Das Team hat die Problemdefinition verstanden und akzeptiert. Der Produktverantwortliche hat dabei eine wichtige Aufgabe: Er formuliert seine Erwartungen und stellt sich der

Diskussion. Im Austausch wird das Problem konkreter, das Ziel deutlicher. *Reframing* ist eine beliebte Technik, um den Blickwinkel zu verändern. Die Fragetechnik verändert Annahmen und eröffnet neue Perspektiven: »Wie erläutern Sie Ihrem Nachbarn auf der Gartenparty die Ausgangslage?« – »Wie können wir das Problem verschärfen?«

- **Bedürfnisse verstehen**: Verstehen wir die Bedürfnisse des Nutzers? Wir wollen den Kunden kennenlernen und das Bedürfnis nachvollziehen. Interviews, Beobachtungen und Begleitung sind die Arbeitsformen, mit denen das Team arbeitet. Die Methoden treten zurück hinter das offene Gespräch, den lebendigen Kontakt, das empathische Verständnis. Die Leitfrage dabei: Warum? Der direkte Zugang zum Kunden ist wichtig. Das Team nimmt Kontakt auf und geht dorthin, wo das Problem auftaucht, wo die Bedürfnisse entstehen. Die Beobachtungen liefern das Material, um Vermutungen abzuleiten. Welche Objekte sind von Bedeutung, welche Ereignisse sind wichtig, welche Absichten und Empfindungen haben die Kunden? Ein nützliches Werkzeug dabei: die Personas (siehe Kapitel 6.3). Sie helfen, Vermutungen zu übersetzen und als stimmiges, ganzheitliches Bild zu betrachten. Die bildhafte Beschreibung leitet das Team bei der Frage: Haben wir das Kundenbedürfnis verstanden?
- **Lösungsansätze finden**: Die Bedürfnisse sind der Ausgangspunkt für die Frage: Wie lösen wir das Problem? Das Team sammelt Ansätze, diskutiert und entwickelt. Bei der Suche helfen Brainstorming-Techniken. Ein Moderator unterstützt dabei, diesen anspruchsvollen Austausch zu strukturieren. Die breite, sich gegenseitig inspirierende Diskussion greift über das Bekannte hinaus. Bevor wir die Vielfalt der Lösungsideen zuspitzen und verdichten, steht das spekulative Sammeln und kreative Kombinieren. Eine Herausforderung dabei: unterschiedlichen Meinungen Raum geben und Vielfalt bewahren. Die (Produkt-)Kandidaten für die Umsetzung entwickeln sich iterativ. Schrittweise entdecken wir Anforderungen und erkennen kritische Eigenschaften.
- **Prototyping & Storytelling**: Es geht an die Umsetzung. Das Team erarbeitet einen Entwurf. Dieser Prototyp zielt auf den Nutzer. Welche Eigenschaften, welche Gestaltung ist für den Kunden von Bedeutung? Papier, Lego, Arduino-Boxes oder Videokamera und Photoshop: Wir konzentrieren uns auf die kritischen Eigenschaften und Anforderungen. Der Prototyp soll Feedback hervorrufen. Zu Beginn der Entwicklung ist der Prototyp mehr Fassade als Funktion. Mit jeder Lernschleife entwickeln sich jedoch Prototypen. Vom Mockup als Papierskizze über die virtuelle Simulation hin zum nutzbaren Einzelstück. Eine Werkstatt mit Arbeitsmaterial und Werkzeug erleichtert die Umsetzung.
- **Testing**: Der Moment der Wahrheit. Im Kontakt mit dem Nutzer und zukünftigen Kunden sucht das Team Feedback. Natürlich ist Begeisterung willkommen. Aber auch kritische Rückmeldungen, Fragen und Vorschläge sind wertvoll. Das Testing ist keine Präsentation, kein Statusreport. Stattdessen geht es um Nutzung und Akzeptanz. Eine Möglichkeit dafür sind Acceptance-Tests, also Arbeitstreffen, in denen Nutzer die Ergebnisse anwenden und bewerten.

Design Thinking ist in vielen Unternehmern angekommen. Nicht nur Start-ups und Kreativagenturen lieben die Methoden. Überall dort, wo der Erfolg des Produkts von der Zufriedenheit der Nutzer und Anwender abhängt, ist Design Thinking gefragt. Die hohe Geschwindigkeit, mit der Ideen formuliert und erprobt werden können, ist perfekt geeignet, um Kreativität zu wecken und die Innovationskraft zu stärken.

Chancen

- breite, aktive Beteiligung: Nicht nur Mitarbeiter, auch Kunden und Partner können in einem Design-Thinking-Workshop mitwirken.
- Vielfalt im Entwicklungsprozess: Der geringe Aufwand erlaubt es, schnell und günstig Varianten zu entwickeln. Aus den Rückmeldungen lassen sich aussichtsreiche Kandidaten ableiten.
- frühe und häufige Überprüfung von kritischen Annahmen: Der Prototyp bewahrt uns vor teuren Fehlinvestitionen.
- Die offene Diskussion prägt die Zusammenarbeit und schwappt über in die Organisation. Der kreative Arbeitsmodus und die Innovationsgeschwindigkeit wirken auf die Unternehmenskultur.

Herausforderungen

- Design Thinking gibt einen Rahmen, eine Garantie für motivierte Mitarbeiter ist es nicht. Die spielerische Arbeitsform löst nicht nur Begeisterung aus. In Zeiten von Unsicherheit und Veränderung wird die Arbeit mit Papier und Schere schnell als Zeitverschwendung und unprofessionell abgetan.
- Expertise ist notwendig. Nicht alle kreativen Ideen sind gut. Produkte, die nicht nur im Kundenkontakt überzeugen müssen, sondern auch technische oder regulatorische Anforderungen zu erfüllen haben, benötigen Fachwissen. Das Expertenwissen muss in den Workshops dabei sein, ohne die Diskussion zu verdrängen.
- Kreativität lässt sich nicht erzwingen. Die Arbeit im Team fördert den Austausch und bringt neue Ideen. Aus der bunten Vielfalt entstehen nicht zwangsläufig Lösungen. In der Gruppe gehen abweichende Meinungen schnell verloren. Leicht setzen sich die team-orientierten Mitarbeiter im Austausch durch. Nicht immer sind die kommunikativen Kollegen auch die Leistungsträger.

Ganz praktisch: So können Sie starten

- **Das Thema:** Formulieren Sie Ihre Erwartung an den Workshop. An welchem Kunden, an welchem Produkt soll gearbeitet werden? Wählen Sie ein Thema, bei dem Vielfalt und Kreativität helfen, um neue und bessere Ideen zu finden.
- **Das Team:** Suchen Sie ein Team, das Spaß an der Produktgestaltung hat. Motivation und Offenheit sind unverzichtbar. Ein wichtiges Kriterium: Freiwilligkeit. Kreativität lässt sich nicht erzwingen.

- **Der Arbeitsprozess**: Treffen Sie Vereinbarungen mit dem Team. Wieviel Zeit steht zur Verfügung? Welche Kunden und Kollegen können kontaktiert, welche Arbeitsmittel genutzt werden? Design Thinking braucht Freiräume, dazu gehören auch die notwendigen Rahmenbedingungen wie Zeit und Geld.
- **Der Arbeitsraum**: Geben Sie dem Team eine Werkstatt. Das Material und auch der Raum für die Zusammenarbeit dürfen die Teamarbeit nicht behindern. Die Intensität des Austauschs benötigt eine dichte Interaktion, ohne Störungen und mit dem richtigen Material in Reichweite.
- **Der Moderator**: Das Team soll sich auf das Produkt konzentrieren. Den Prozess des Suchens und Ausprobierens begleitet der Moderator. Die professionelle Gestaltung des Gesprächs, die Methodenkompetenz für die Werkzeuge, all dies hilft, den Blick für die inhaltliche Diskussion frei zu machen.

12.2 Scrum – Lösungen früh und häufig liefern

Die Produktidee ist geklärt, das Zielbild formuliert und die Entscheidung zur Umsetzung ist getroffen. Nun geht es ans Liefern. Wir brauchen ein Produkt, das wir produzieren und ausliefern können. Zwei Herausforderungen warten auf uns:

- Welchen Lösungsweg wollen wir verwenden?
- Wie organisieren wir die Umsetzung zuverlässig?

Die Antwort auf beide Fragen findet sich im Entwicklungsteam. Um Abläufe und Verantwortlichkeiten zu gestalten, gibt es verschiedene Wege. Ohne Zweifel ist der Platzhirsch in der agilen Methodendiskussion das Scrum-Framework.

Scrum: früh und häufig liefern

Sieben Hände gehen in Luft. Das Team hat den Nachmittag genutzt, um die Erwartungen des Product Owners durchzudenken. Aus Anforderungen wurden Aufgaben für die nächsten zwei Wochen. Dabei hat das Entwicklungsteam immer besser verstanden, was geht und was nicht geht. Das Sprint Backlog ist gefüllt, ein guter durchdachter Plan erarbeitet. Doch ist das alles auch realistisch? Der Scrum Master bittet das Team um eine Einschätzung: Schaffen wir das? Als die Hände in die Luft gehen, ist klar: Alle stehen hinter dem gemeinsamen Sprint Goal. Es geht los.

Was ist Scrum?

Scrum ist ein Framework, ein Regelwerk, keine Methode. Das Framework definiert einen Rahmen für die Zusammenarbeit in kleinen, unabhängigen Entwicklerteams. Das Ziel dabei: ein stabiler Umsetzungsprozess, der in kurzen Zyklen nutzbare Ergebnisse zu liefert. Das Framework basiert auf ein paar wenigen, wichtigen Prinzipien, aus denen sich Vorgehensweise und Verantwortlichkeiten ableiten lassen. Scrum begleitet den Lieferprozess von der Anforderung zu Lösung.

»Wir machen irgendwas mit Scrum«, so ein häufig gehörter Satz in vielen Organisationen. Der Erfolg dieser ursprünglich für Softwareprojekte entwickelten Arbeitsweise zeigt sich daran, dass sie heute weit über den Softwarebereich hinaus als Blaupause für agile Teamarbeit gilt. Im Zentrum steht ein kontinuierlicher Lernprozess. Besonders dabei: Die Zusammenarbeit ist selbstorganisiert, d. h., ein Minimum an Hierarchie und ein Maximum an Beteiligung gibt den Mitarbeitern nicht nur Freiraum, sondern auch Verantwortung. Der Lernprozess lebt von Feedback. Scrum ist anspruchsvoll – die Vorgehensweise fordert nutzbare, hochwertige Ergebnisse, und zwar für jeden Sprint. Die Arbeitsweise folgt einem festen Arbeitstakt. Die Teams liefern in fixen und regelmäßigen Sprints von zwei bis vier Wochen. Der Sprint lässt sich als Mini-Projekt verstehen, er gibt den stabilen Rahmen für Planung und Organisation. Die Länge des Sprints ist eine Antwort auf die Komplexität und Dynamik der Aufgabe. Je größer die Unsicherheit, desto kürzer der Sprint.

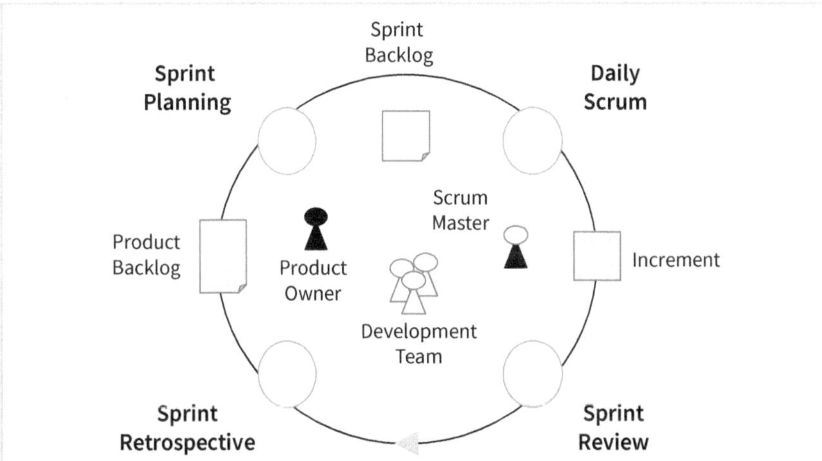

Abb. 50: Scrum Framework

Wie funktioniert es?

- **Sprint**: Scrum ist ein kontinuierlicher Prozess, ein fortlaufendes Experiment. Die Sprints, also Iterationen mit einer fixen Dauer von maximal vier Wochen, gliedern den Arbeitsprozess. Jeder Sprint ist ein Mini-Projekt, das einem Ablauf folgt. Durch die stabile Vorgehensweise kann sich das Team auf die eigentliche Aufgabe konzentrieren: liefern, liefern, liefern. Jeder Sprint startet mit einer klaren Vereinbarung – dem Sprint Goal. Jeder Sprint endet mit einem lieferfähigen, nutzbaren Ergebnis – dem Sprint Increment.

- **Sprint Planning**: Am Anfang steht die Planung. Die gesamte Mannschaft ist im Raum und klärt die Anforderungen: Was wollen wir im nächsten Sprint erreichen? Damit die Diskussion gelingt, braucht es ein Product Backlog, eine sortierte und bewertete Liste aller bekannten Anforderungen. Die Verantwortung für das Product Backlog liegt beim Product Owner, dem Hüter des Produkts. Das Team zieht die Anforderungen aus dem Backlog, diskutiert die notwendigen Arbeitsschritte und bewertet die Machbarkeit. Mit jedem weiteren Element kommen Anforderungen und Aufgaben hinzu, das Sprint Backlog füllt sich. Wichtig dabei: Die Verantwortung für die Umsetzung liegt beim Team. Die relevanten Fragen – Wie setzen wir es um? Wieviel davon können wir im nächsten Sprint erledigen? – beantwortet allein das Entwicklungsteam. Die Planung ist ein intensives und anspruchsvolles Ereignis. Damit am Ende des Tages ein Sprint Goal gemeinsam formuliert werden kann, braucht es einen Moderator. Der Scrum Master ist der Hüter des Prozesses, er hilft dem Team, sich zu organisieren.
- **Daily Scrum**: Im Sprint ist die enge Synchronisation entscheidend. Das Scrum-Team lebt von der Kommunikation. Am besten in einem Raum, an einem Tisch: eine kleine Mannschaft von drei bis neun Personen, die interdisziplinär alle Fähigkeiten zur Umsetzung mitbringt. Je unabhängiger und je ungestörter das Team sich der gemeinsamen Aufgabe widmen kann, desto runder läuft die Zusammenarbeit. Das Daily Scrum ist die tägliche Zeremonie, in der sich die Kollegen synchronisieren. 15 Minuten für eine kurze Runde auf Augenhöhe. Das Entwicklungsteam ist unter sich. Der Scrum Master unterstützt bei Bedarf.
  - Was haben wir (seit) gestern erreicht?
  - Was machen wir heute?
  - Welche Probleme bei der Umsetzung gibt es?
- **Sprint Review**: Der Sprint Review ist der Abschluss eines Sprints. Das Team übergibt das Ergebnis. Für den Product Owner ist der Review ein Moment des Lernens. Wie gut haben wir die zugesagten Anforderungen umgesetzt? Ist das Ergebnis nutzbar und eine Basis für die weitere Entwicklung? Da er im Sprint im engen Austausch mit dem Entwicklungsteam ist, kennt er den Stand der Arbeiten. Doch nun, im Review, steht das Produkt im Rampenlicht. Kollegen, Kunden und Interessierte werden eingeladen. Ein halber Tag, um zu lernen: Wo stehen wir und was machen wir als nächstes?
- **Sprint-Retrospektive**: Bevor das Team den nächsten Sprint startet, nehmen wir uns eine Auszeit – kurz und gut organisiert. Die Retrospektive (Retro) ist der Moment des Hinterfragens und Verbesserns. Der Scrum Master hütet die Zeremonie und hat die relevanten Themen vorab abgestimmt. Was lief gut im letzten Sprint? Was eher nicht? Und vor allem: Was machen wir im nächsten Sprint anders? Das Team hat für diese Diskussionen einen eigenen Themenspeicher: die *List of Impediments*. Der Scrum Master moderiert das Gespräch. Es geht um die Zusammenarbeit, es geht um den Arbeitsprozess und es geht auch um Werkzeuge und Rahmenbedingungen. Mit jeder Retro lernt das Team dazu und der Arbeitsprozess schwingt sich ein.

Scrum prägt in vielen Unternehmen die agile Zusammenarbeit. Die Idee der kleinen, flinken Teams, die Idee der frühen und häufigen Lieferungen ist attraktiv – für Mitarbeiter und Manager gleichermaßen, wenn auch häufig aus unterschiedlichen Gründen. Wie gut gelingt das in der Praxis? Was lässt sich über Chancen und Herausforderungen sagen?

Chancen

- Mit den Scrum-Teams verändert sich die Zusammenarbeit. Die größere Verantwortung im Team geht einher mit mehr Spielraum. Für den Mitarbeiter ist dies eine Einladung, selbstbestimmt und kreativ zu arbeiten. Für die Unternehmen erhöhen sich Flexibilität und Innovationskraft.
- Frühe und häufige Lieferungen, ein kontinuierlicher Strom aus nutzbaren Ergebnissen bieten die Chance, Produktentwicklung als Prozess zu gestalten. Ein fortlaufendes Experiment – Versuch und Irrtum als Methode – hilft uns, den Kunden besser zu verstehen und Lösungen schneller zu entdecken.
- Die schlanke Struktur, wenige Rollen, wenige Artefakte und ein standardisierter, einfacher Ablauf machen die Zusammenarbeit leichter. Mehr Transparenz im Prozess bedeutet aber auch weniger Steuerung und Kontrolle, weniger Overhead. Ein eingeschwungenes Scrum-Team liefert die richtigen Ergebnisse mit weniger Aufwand.

Herausforderungen

- Die einfache Struktur des Scrum-Ansatzes verleitet zu der Annahme, dass es auch ebenso simpel anzuwenden sei. Tatsächlich sind die ersten Schritte einfach und naheliegend. Die erhoffte Wirkung auf Geschwindigkeit, Innovationskraft ist jedoch nicht selbstverständlich. Ein Grund dafür: Scrum gelingt nur, wenn die Mitarbeiter das Framework verstehen und motiviert sind, es anzuwenden. Die Bereitschaft, Verantwortung zu übernehmen und die Fähigkeit, in kurzen Intervallen brauchbare Lösungen zu liefern, sind die Basis.
- Der Leitgedanke der frühen und häufigen Lieferung ist nicht nur für das Team eine Herausforderung. Mindestens genauso wichtig: Die Organisation muss dafür die Rahmenbedingungen schaffen. Eine große Herausforderung: die interdisziplinären Produktteams. Die Idee, alle notwendigen Fähigkeiten und Arbeitsmittel zusammenzubringen, ist in vielen Organisationen nur schwer umsetzbar.
- Der klare Fokus auf das Produkt ist notwendig, damit das Scrum-Team sich organisieren kann. Das bedeutet, dass die Rolle des Product Owners mit den notwendigen Befugnissen aufgerüstet wird. Jeder Sprint ist eine Investition, jeder Review ein Produktlaunch. In vielen Unternehmen sind die Verantwortlichkeiten dafür auf viele Schultern verteilt. Jedoch: Jede Abstimmung, jeder Statusbericht, jedes Managementgremium belastet das Scrum-Team. Kurzfristig macht es die Arbeit schwerfälliger, dann leidet die Lieferfähigkeit und schließlich geht die Motivation verloren.

Ganz praktisch: So starten Sie

- Das Thema muss passen. Sind die Anforderungen beweglich, sodass frühes und häufiges Feedback sinnvoll und notwendig ist?
- Das Team muss passen. Sind die Mitarbeiter motiviert und fähig, die benötigten Ergebnisse zu liefern?
- Sind die Befugnisse klar? Wer priorisiert, wer nimmt die Ergebnisse ab? Die Rolle des Product Owners muss geklärt sein.
- Wer kümmert sich um den Arbeitsprozess. Ist die Rolle des Scrum Masters besetzt, mit Erfahrung und Überzeugungskraft?
- Ist der Lieferprozess – technisch – geklärt? Was bedeutet Qualität für uns? Wie bewerten wir unsere Leistungsfähigkeit?

12.3 DevOps – die Lösung im Betrieb agil weiterentwickeln

Es läuft. Das Produkt ist im Betrieb angekommen. Die Kunden sind zufrieden, die Prozesse laufen stabil. Mit dem Regelbetrieb tritt immer mehr Routine in den Vordergrund. Aus dem Kundenservice, der Produktion oder dem Wartungsteam kommen Nachfragen, Fehler und Vorschläge. Schnell binden diese Betriebsthemen viel Energie. Gleichzeitig wollen wir das Produkt weiterentwickeln. Schließlich sind es neue Funktionen und neue Produkte, die uns im Markt voranbringen. Wir stehen vor der Herausforderung, eine Balance zu finden: Wie lässt sich der Betrieb – zuverlässig und effizient – mit der Weiterentwicklung – innovativ und flexibel – in Einklang bringen? Die Kopplung von Entwicklung und Betrieb benötigt Prozesse, Rollen und Werkzeuge. *DevOps* – ein Kunstwort aus Development und IT Operations –gibt hierfür Anregungen.

DevOps: die Lösung im Betrieb agil weiterentwickeln

17:30. Das Team steht zum Abschluss des Tages zusammen. Vor ihnen an der Wand: bunte Zettel, die in Spalten organisiert sind. Auf den Zetteln sind Aufgaben vermerkt. Rot steht für Fehler, Grün für Weiterentwicklung und Blau für Arbeiten an der Infrastruktur. Gemeinsam diskutieren die Kollegen die Aufgaben. Ein kritischer Fehler war am späten Nachmittag gemeldet worden. Ein Teammitglied hat den Fehler analysiert und bereits behoben. Alle automatischen Tests sind fehlerfrei gelaufen. Wer kümmert sich um die Freigabe und die Bereitstellung? Nach einer kurzen Abstimmung sind die Aufgaben verteilt. Der Fix geht heute noch vor 18:00 in Produktion. Die rote Karte wandert in die Spalte *Deploy* und das Team wendet sich einer grünen Karte zu. Schließlich erwarten die Kunden am Freitag ein neues Release.

Das Prinzip von DevOps

DevOps fügt viele Einzelteile zusammen: Im Zentrum steht der Lieferprozess von der Entwicklung (Development) bis zum Betrieb (Operations). Es geht um den kontinuierlichen Strom aus Lieferobjekten. Pull und Flow, die Prinzipien des Lean Managements, werden genutzt, um Regelwerke wie Scrum mit Betriebsthemen wie Test und Deploy zu koppeln. Ziel ist *Continuous Delivery* – der schnelle, kontinuierliche und zuverlässige Lieferzyklus. DevOps ist ein zyklischer Prozess – von der Anforderungen bis zum Betrieb und zurück. Mit frühem Feedback und kontinuierlicher Verbesserung wird der Prozess gesteuert. Notwendig dafür ist ein integriertes Team, eine Mannschaft, die alle Aufgaben – von der Entwicklung über den Betrieb bis zum Service – abdecken kann. Je näher die Kollegen zusammensitzen, je breiter die notwendigen Kompetenzen verteilt sind, desto weniger Abhängigkeiten und Engpässe treten auf, desto besser läuft der Prozess.

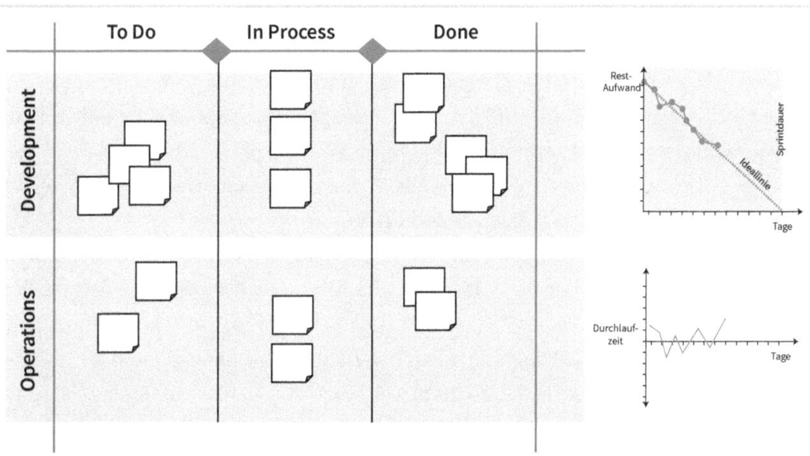

Abb. 51: DevOps Board

Wie funktioniert es?

- **Integrate Teams**: Wer kann Fragen zum Produkt beantworten, wer kann Fehler aus dem Betrieb lösen? Häufig sind es die Entwicklerteams, die über Probleme am Produkt am besten Bescheid wissen. Anderseits: Wer kann die Übergabe in den Betrieb sicherstellen, wer die Infrastruktur konfigurieren? Die Mitarbeiter aus dem Betrieb haben die Erfahrung und das Wissen. DevOps meint Zusammenarbeit über die Teamgrenzen hinweg. Das Leitbild ist das integrierte Team: eine Mannschaft, die alle notwendigen Fähigkeiten besitzt. Das DevOps-Team löst sich aus den funktionalen Silos. Die Mitarbeiter wachsen über die Spezialistenrolle hinaus. Sie teilen und entwickeln ihr Wissen gemeinsam.
- **Make it visible**: DevOps zielt auf Liefergeschwindigkeit. Dafür ist ein Überblick über den gesamten Prozess notwendig – im Idealfall von der Kundenanforderung bis

zur Kundenlieferung. Je besser der Lieferstrom verstanden wird, je sichtbarer die aktuelle Prozesslast, desto früher lassen sich Probleme entdecken und Maßnahmen ergreifen. Kanban als Werkzeugkoffer ist dafür hilfreich. Der Grundgedanke: Mache den Prozess sichtbar, mit Farben und Bildern. Die Visualisierung hilft, den Prozess zu verstehen und zu gestalten. Es geht um Transparenz und ein gemeinsames Verständnis. Das Teamboard gibt den Überblick über Prozessschritte und Aufgaben, die Verantwortlichkeiten und der Arbeitsfortschritt werden sichtbar. DevOps-Teams benötigen Regeln und Kriterien für die Übergabepunkte. Die Definition of Done und Ready for Implement sind Beispiele dafür, wie Überlasten erkannt oder Qualitätsprobleme vermieden werden können. Der gesamte Prozess folgt dem Pull-Prinzip. Das bedeutet im einfachsten Fall: Erst wenn eine Aufgabe abgeschlossen ist, wird eine neue gestartet. Für das Kanban Board bedeutet das, wir beginnen einfach und ergänzen nach Bedarf. (siehe Kapitel 10.4)

- **Monitor Waste**: Geschwindigkeit ist kein Zufall – sie ist das Resultat eines guten Ablaufs. Der perfekte Prozess ist eine Illusion. Keine Blaupause, kein Berater gibt uns die Lösung. Stattdessen Ausdauer, Disziplin und Fokus – nur die kontinuierliche Verbesserung unseres Lieferprozesses kann helfen, hohe Perfomance dauerhaft sicherzustellen. Dafür sind einfache, aussagekräftige Kennzahlen, wie z. B. die Durchlaufgeschwindigkeit (*Cycle Time*) oder Fehlerfreiheit (*First Time Yield*) sehr nützlich. Im Mittelpunkt steht dabei die Suche nach Verschwendung (*Waste*). Wo finden DevOps-Teams Ansätze zur Verbesserung?
  - unfertige Ergebnisse und schlechte Qualität – Mit jedem unvollständigen Ergebnis wächst der Berg der noch ausstehenden Arbeiten. Die technischen Schulden müssen eines Tages zurückgezahlt werden. Die Last nimmt zu: Aufgaben müssen mehrfach angefasst werden, die Abhängigkeiten nehmen zu und natürlich muss all das auch verwaltet werden. Schlechte Qualität ist teuer.
  - Rüstzeiten, Wartezeiten –. Je höher der Stapel, je größer die Anzahl der Aufgaben, desto mehr Zeit verbringt das Team damit, sich zu organisieren. Rüstzeiten und Wechselkosten nehmen schnell einen erheblichen Anteil am Tagesablauf ein. Die Gefahr wächst, dass an den falschen Aufgaben, an den falschen Objekten gearbeitet wird. Multitasking und Warteschlangen fressen Prozessgeschwindigkeit.
  - Standardisierung und Automatisierung – Wiederkehrende Arbeiten werden schnell zur Routine. Standardisierung hilft, Erfahrungen zu verdichten und zu teilen. Die Arbeit am Prozess erfordert die Arbeit am Prozess. Ein hoher Automatisierungsgrad gibt uns Freiräume.
  - Helden – Die Freude währt kurz. Der heldenhafte Einsatz, also die Überstunden am Wochenende, die schnelle, aber unvollständige Lieferung oder auch das offensichtlich unrealistische Sprint Goal helfen nur kurzfristig. Mit der Überlast nimmt die Qualität ab und bewährte Abläufe gehen verloren. Der Prozess weicht einem Ad-Hoc-Modus. Sobald sich der Rauch gelegt hat, bleibt ein erschöpftes und unorganisiertes Team zurück.

- **Remove Constraints**: Der aktuelle Ablauf ist ein Abbild der Rahmenbedingungen. Welche Beschränkungen und Hindernisse müssen für den DevOps-Modus angegangen werden?
  - Virtualisierung der Arbeitsumgebungen – Die Bereitstellung von Test- und Integrationsumgebungen kostet Zeit und Aufwand. Häufig lassen sich Wartezeiten verringern, indem die benötigten Umgebungen nach Bedarf, on demand, und selbstorganisiert zur Verfügung gestellt werden.
  - Automatisierung von Build, Deploy & Test – Das Zusammenfügen der Einzelteile und das Testen der geforderten Eigenschaften frisst viel Aufwand. Routinen und Standards bieten die Grundlage, um die Automatisierung des Lieferprozesses voranzutreiben. Wie kann der Aufwand für wiederkehrende Aufgaben verringert werden? Automatisierung und Virtualisierung helfen.
  - Modularisierungsarchitektur – Abhängigkeiten und Schnittstellen erfordern Abstimmungen und erzeugen Wartezeiten. Eine *loosly-coupled*-Produktarchitektur – eine lose Kopplung eines Systems, die ermöglicht, dass Änderungen einzelner Komponenten nur lokale Auswirkungen haben und einfach durchgeführt werden können – bietet die Möglichkeit, modulare Pakete zu liefern. Wie lässt sich die Produktarchitektur in diesem Sinne verbessern, um Funktionalität in unabhängigen, kleinen Paketen bereitzustellen?

Chancen

- DevOps stellt das Produkt sichtbar ins Zentrum der Organisation. Die klare Fokussierung hat Vorteile. Für die Kunden ist die hohe Geschwindigkeit ein spürbarer Effekt. Ein DevOps-Team greift Impulse früher auf und behebt Fehler schneller. Die internen Abläufe richten sich am Kundenbedürfnis aus.
- Die Zusammenarbeit ändert sich mit dem Produktfokus. Das gemeinsame Arbeitsobjekt, das Produkt, unterstützt den Wandel vom eindimensionalen Spezialisten zum teamorientierten Generalisten. Für die Mitarbeiter ist diese Verzahnung von Entwicklung und Betrieb auch eine Chance zu wachsen. Mit der Vielfalt der Aufgaben, im interdisziplinären Austausch entwickeln sich Wissen und Fähigkeiten.
- Der Blick auf den gesamten Prozess, von Kundenanforderung bis Kundenlieferung, erhöht die Transparenz. Kennzahlen, die ganzheitlich (Ende-zu-Ende) vermessen, liefern bessere Informationen. Damit wird es leichter, Probleme zu erkennen, Maßnahmen umzusetzen und Effekte zu bewerten.

Herausforderungen

- DevOps ist ein frontaler Angriff auf die Aufbauorganisation. Die gewachsene Struktur aus Spezialistentum und Abteilungen gerät unter Druck. Die Gefahr dabei: Bewährte Abläufe werden beschädigt und etablierte Verantwortlichkeiten gehen verloren. Mit der Fokussierung auf das Produkt, mit der zentralen Rolle des Entwicklungsteams verlieren andere Einheiten und Funktionen an Einfluss und Aufmerksamkeit. Nicht alle sind davon begeistert.

- DevOps liefert Transparenz. Die Performance des Gesamtprozesses wird sichtbar. Damit werden jedoch auch Schwächen und Altlasten ins Rampenlicht gestellt. Nicht alles lässt sich quasi über Nacht umbauen. Je komplexer das Produkt, je größer die installierte Basis im Markt, desto dramatischer werden Auswirkungen sein. Der gegebenenfalls notwendige Umbau fordert Aufmerksamkeit und Kapital.
- DevOps ist nicht schwarz-weiß. Mit einer behutsamen Balance zwischen Produktteams und Expertenteams lässt sich der Übergang gestalten. Doch sollte klar sein: Mit dem Startschuss wird es Veränderungen geben. Der Umbau erfordert Aufmerksamkeit und Führung.

Ganz praktisch: So starten Sie

- Sie brauchen ein Team – motiviert, lernbereit und natürlich interdisziplinär. Häufig entwickeln erfolgreiche Projektteams von selbst die notwendigen Fähigkeiten. Für die ersten Schritte in Richtung Betriebsunterstützung nutzen Sie der Erfahrung der etablierten Teams. Bauen Sie darauf auf.
- Stellen Sie sicher, dass die Teamkommunikation auf das neue Aufgabenspektrum vorbereitet ist. In der Regel reichen die Zeremonien des Entwicklungsteams für den DevOps-Modus nicht mehr aus. Die hohe Dynamik des Tagesgeschäftes und die Kritikalität des Betriebes erfordert im Austausch eine andere Frequenz und Flexibilität.
- Machen Sie den Prozess zum Thema. Das Teamboard wird zum Prozessboard. Kennzahlen wie *Cycle Time* und *First Time Yield* treten in den Vordergrund. Beginnen Sie zu zählen und zu messen. Schnell gibt es genug Material, um Prozessprobleme anzugehen. Fangen Sie einfach an, ergänzen Sie bei Bedarf.

ARBEITSMATERIALIEN

- Welche Methode passt zur Aufgabe? Welche Herausforderung steht an: Design, Development, Operate?
- Gibt es ein gemeinsames Verständnis, wie die Vorgehensweise funktioniert und welche Maßnahmen notwendig sind, damit die Anwendung gelingt?

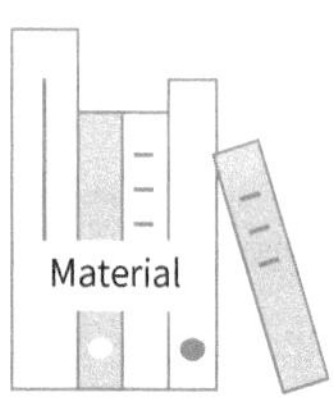

- Agiles Produktmanagement mit Scrum: Erfolgreich als Product Owner arbeiten. Roman Pichler (2013)
- Design Thinking – das Handbuch. Uebernickel u. a. (2015)
- The DevOps Handbook – how to create world class agility. Gene Kim et.al. (2016)

13 Das agile Produktteam - schlank und flink

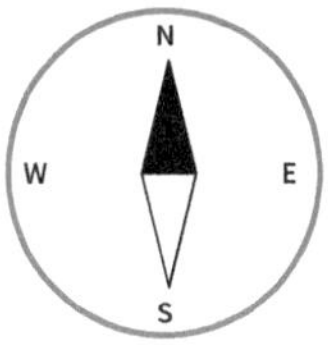

Wie sieht die Organisation aus, die ein flinkes und schlankes Produktmanagement ermöglicht? Was lässt sich über den organisatorischen Rahmen, der Kreativität fördert und Lieferdisziplin unterstützt, sagen? In diesem Kapitel betrachten wir das »Betriebssystem« des agilen Produktteams unter drei Aspekten:

- Welche Rollen und Befugnisse gehören dazu?
- Welche Kommunikationsstruktur, welche Termine sind notwendig?
- Wie lassen sich die agilen Arbeitsabläufe steuern und entwickeln?

Eine gute Organisation ist eine Antwort auf die relevanten Aufgaben und Herausforderungen. Die Balance organisatorischer Routinen, individueller Freiräume und gemeinsamer Werte ist eine wichtige Voraussetzung, damit die agile Arbeit klappt. Klar ist: Diese Balance verändert sich mit dem Produkt und mit der Reife des Teams. Die hohe Dynamik und Unsicherheit in der Produktentwicklung erfordert andere Strukturen als die stabilen und dauerhaften Prozesse der Betriebsphase. Das »Betriebssystem« für die agile Zusammenarbeit resultiert aus dem Zusammenspiel der organisatorischen Bausteine:

- Rollen und Befugnisse
- Kommunikationsstrukturen
- Ablauforganisation

Die agile Organisation lässt sich aber nicht nur in ihren Einzelteilen gestalten. Ebenso wichtig sind die Leitbilder, die wie ein Kompass in der alltäglichen Arbeit dienen.

Was sind die sichtbaren und unsichtbaren Elemente, die die Zusammenarbeit prägen und dazu beitragen, dass die Produktarbeit flink und fokussiert läuft?

- **Im Mittelpunkt steht der Kunde**: Ein agiles Unternehmen sucht den Kundenkontakt und braucht Feedback. Der Blick nach außen in den Markt, die lebendige, beidseitige Kommunikation mit dem Kunden leiten die Strategie. Diese Kundenorientierung zieht sich durch das gesamte Unternehmen. Nicht nur an der Außenkante, also im direkten Kundenkontakt, liegt die Priorität auf dem Kundennutzen. Auf die Frage »Wer ist dein Kunde?« haben alle Mitarbeiter eine Antwort.

- **Spielräume**: Die Suche nach dem Neuen hat einen sichtbaren Platz in den Prioritäten, Budgets und Abläufen. Innovationen werden gesucht und dafür gibt es Geld, Mitarbeiter und Freiräume. Die Bereitschaft, das Bestehende zu hinterfragen und Signale aus dem Markt zu empfangen, ist konkret. Experimente sind sichtbar und werden geschätzt. Auf die Fragen »Wo und wie gestalten wir unsere Zukunft und wer gestaltet sie?« gibt es Antworten.
- **Produktverantwortung ist Geschäftsverantwortung**: Die Produkte stehen im Zentrum der Organisation. Ein sichtbares Zeichen ist die Nähe der Führungskräfte zum Produkt. Das Produkt führt, die Verantwortung hängt am Kundenkontakt. Alle anderen Aufgaben und Funktionen liefern der Produktentwicklung zu. Geschäft und Karriere gelingen in der Produktarbeit.
- **Dezentrale, interdisziplinäre Teams**. Die klare Fokussierung auf Kunde und Geschwindigkeit gelingt besser mit kleinen, unabhängigen Einheiten. Hierarchien und komplexe Entscheidungswege stehen dabei im Wege. Die Idee der kompakten und fokussierten Produktteams prägt die Organisation. Das hat zur Folge, dass Teams, die sich auf eine Aufgabe oder Funktion spezialisieren, zurücktreten. Teamfähigkeit, Lernbereitschaft und Erfahrung treten hervor.
- **Kontinuierliche Verbesserung**: Lernen und Verbessern ist der Normalfall, nicht die Ausnahme. Agile Organisationen fordern und fördern diese Lernkultur, indem sie Transparenz zulassen, Inspektion einfordern und Veränderungen erlauben. Die offene Diskussion über Stärken und Schwächen basiert auf einem gemeinsamen Verständnis über Ziele und Kennzahlen. Ein faktenbasierter, konstruktiver Austausch ist gelebte Routine.
- **Die Kultur in der Zusammenarbeit ist kollaborativ**: Im Team erwächst Vertrauen durch einen offenen und respektvollen Umgang miteinander. Zwischen den Teams wird ein lebendiges, kollegiales Netzwerk gepflegt und weiterentwickelt. Führung ist eine dienende Aufgabe, die Möglichkeiten eröffnet und Rahmenbedingungen sicherstellt. Die Mitarbeiter tragen die Mission des Unternehmens. Leistung und Wagemut werden geschätzt, das Neue ist willkommen.

13.1 Das Produktteam aufbauen

Das agile Produktteam ist geprägt durch die Bereitschaft gemeinsam Verantwortung für das Produkt zu übernehmen. Die Rollen helfen dabei, Befugnisse und Aufgaben zu klären.

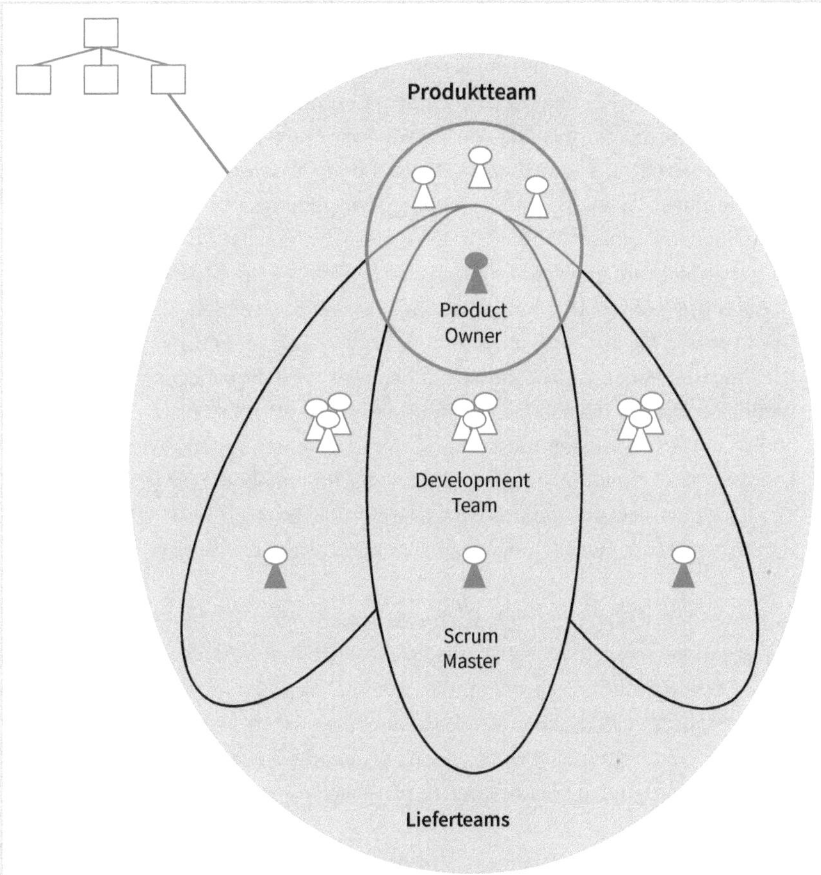

Abb. 52: Agiles Produktteam

13.1.1 Der Produktmanager

Im Zentrum steht das Produkt, der Produktmanager ist die Gallionsfigur: Er steht für das Produkt nach innen und außen. Je klarer die Geschäftsverantwortung in dieser Rolle gebündelt ist, desto wirksamer die Steuerung.

Welche Aufgaben gehören dazu? Der Produktmanager in unserem Verständnis überblickt den gesamten Lebenszyklus des Produkts, d. h., seine Aufgaben decken die komplette Strecke von Innovation, Entwicklung, Wachstum, Betrieb und Pflege ab. Die Product Ownership ist ein Teil dieser Aufgabe. Der Product Owner ist in der Produktentwicklung die Schnittstelle zwischen Team und Produkt. Die Außensicht, also der Blick auf den Markt, der Kontakt zum Kunden, ist eine weitere Aufgabe des Produktmanagements (mehr zur Abgrenzung von Produktmanager und Product Owner siehe Kapitel 2.2). Der Produktmanager verantwortet die Wertschöpfung des Produkts. Damit sind zwei Perspektiven verbunden.

- **Das Produkt**: Wie können wir das weltbeste Produkt für den Kunden liefern? Der Produktmanager hat das Ohr am Markt, kennt seine Kunden und beobachtet die Mitbewerber. Die Aufgaben sind klar: Bedürfnisse erkennen und verstehen, Anforderungen ableiten und beschreiben, Umsetzungsarbeiten priorisieren und abnehmen. Sobald das Produkt im Markt angekommen ist, kommen immer mehr Aufgaben hinzu: Kunden gewinnen und binden, die Marke entwickeln, die Kundenbeziehung gestalten. Der Produktmanager schaut nach außen.
- **Der Prozess**: Wie können wir das Produkt zuverlässig und effizient bereitstellen? Die Prozessperspektive schaut nach innen. Der Produktmanager hat die Abläufe im Blick und stellt die nachhaltige Profitabilität des Produkts sicher. Die Balance von Qualität und Kosten muss über den gesamten Lebenszyklus des Produkts gelingen. Der Produktmanager gestaltet die Rahmenbedingungen und steuert den kontinuierlichen Lieferstrom. Dazu gehört die Balance des Portfolios. Wieviel müssen wir heute investieren, um auch morgen erfolgreich zu sein?

Eine spannende Aufgabe sicherlich, doch welche Befugnisse sind dafür notwendig? Es gilt: Je klarer die Verantwortung für das Produkt gebündelt ist, desto besser gelingt es. Das Leitbild ist der Entrepreneur, der Unternehmer. Die Verantwortung für den Erfolg des Produkts geht Hand in Hand mit den Befugnissen, Investitionen zu starten, die Umsetzung zu steuern und Lieferungen abzunehmen. Die fachliche und die disziplinarische Führung des Teams gehören dazu. Der Produktmanager ist Führungskraft.

Die Stellung des Produktmanagers in der Organisation ist zentral. Eine Managementrolle, die nahe an der Geschäftsverantwortung liegt. Der Produktmanager ist ein wichtiger Akteur bei der strategischen Gestaltung und bei der operativen Steuerung der Organisation.

Der Produktmanager wächst mit dem Produkt. Dabei helfen die agilen Leitplanken:

- **Outside-in**: Der direkte Kanal zum Markt, den Nutzern, auch zu den Mitbewerbern, ist notwendig. Je früher, je direkter Probleme erkannt, Bedürfnisse verstanden werden, desto besser. Der Produktmanager ist sichtbar, ansprechbar und hält den Kontakt zu den Kunden.
- **Life-Cycle-Perspektive**: Der Erfolg des Produkts entscheidet sich im Lebenszyklus, von der Entwicklung über Vermarktung, Betrieb und Service. Der Produktmanager hat die Gesamtverantwortung für die Prozessstrecke, dazu gehören Fähigkeiten und Befugnisse.
- **Kernkompetenz Produktentwicklung**: Der kontinuierliche Strom aus Innovationen und Verbesserungen ist der Schlüssel für den nachhaltigen Erfolg. Das Entdecken, Experimentieren und Liefern ist Kernkompetenz. Ein agiler Produktmanager ist Produktentwickler.

13.1.2 Das Entwicklungsteam

Im Zentrum steht die Lieferung. Ein agiles Entwicklerteam übernimmt Verantwortung für die Umsetzung – vollständig. Ziele vereinbaren, Aufgaben planen, die Umsetzung steuern – das Team steuert sich selbst. Damit diese Selbstorganisation funktioniert, braucht das Team nicht nur Freiraum und Befugnisse. Ebenso wichtig: Alle notwendigen Fähigkeiten und Arbeitsmittel stehen zur Verfügung.

- **Selbstorgansiert**: Kurze Wege, direkte Kommunikation, schnelle Entscheidungen: Das Team ist eine autarke, dezentrale Liefereinheit. Selbstorganisation bedeutet, dass Verantwortung zurückgegeben wird. Die Aufgaben der Planung und Steuerungen kehren zurück auf die Arbeitsebene. Das Umsetzungsteam hat die benötigten Befugnisse und auch die Fähigkeiten. Es übernimmt die Verantwortung für den Lösungsweg.
- **Interdisziplinär**: Innovationskraft und Kreativität benötigen Freiraum und Kompetenz. Das agile Team ist bunt und vielfältig. Der weite Horizont aus Erfahrungen und Kompetenzen befeuert die Diskussion mit Impulsen. Vielfalt ist die Triebfeder für neue Ideen und Lösungskonzepte. Ebenso wichtig sind die Fähigkeiten. Je besser das Team die gesamte Lieferstrecke abdeckt, desto einfacher, schneller und zuverlässiger gelingt die Lieferung. Jede Schnittstelle, jede Abhängigkeit raubt der Mannschaft Geschwindigkeit und erfordert Koordination. Das Leitbild ist das interdisziplinäre Team, d. h., alle Kollegen, die für die Umsetzung notwendig sind, kommen zusammen – in einem Team, in einem Raum, an einem Tisch.
- **Motiviert**: Das Team schätzt den Freiraum. Die Verantwortung über den Lieferprozess ist Ansporn und Verpflichtung zugleich. Das Team lässt sich an den vereinbarten Zielen messen. Die Leistung ist eine Teamleistung. Das gemeinsame Ziel wird von allen Teammitgliedern getragen. Das gelingt umso besser, je stärker die Teammitglieder in die Planung und Steuerung involviert sind. Das agile Arbeitsumfeld ist keine Garantie für Motivation und Leistung. Jedoch: Ein agiles Umfeld beseitigt Hindernisse und gibt Freiräume, damit sich Motivation entfalten kann.

Die Arbeit in einem agilen Team ist herausfordernd. Das Profil des perfekten Teammitglieds gibt es nicht. Die Teams und ihre Mitglieder sind mindestens so vielfältig wie die Produkte, die sie bauen. Doch es gibt Gemeinsamkeiten.

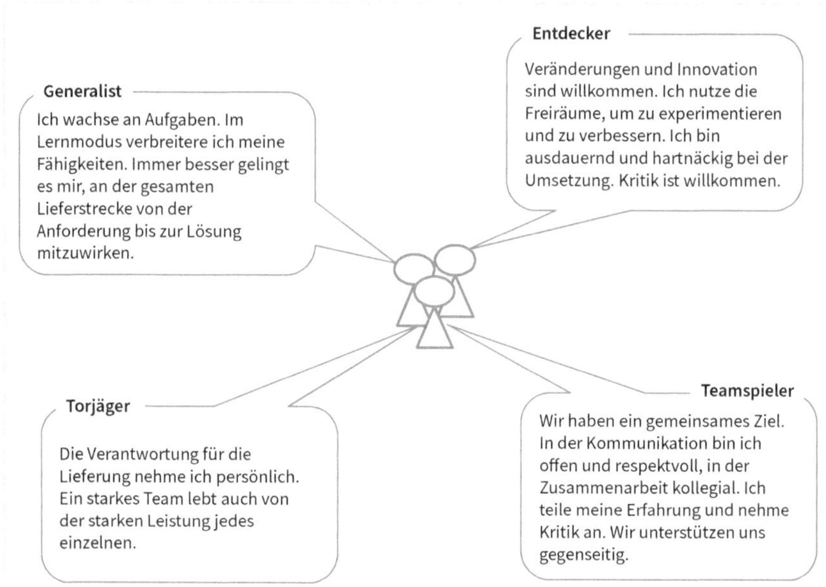

Abb. 53: Arbeiten im agilen Team

13.1.3 Das Produktteam

Ein gutes Produkt reicht nicht aus. Produktmanagement bedeutet, den Lebenszyklus des Produkts zu gestalten und das Produktportfolio zu steuern. Ein Aufgabenfeld, das viel Arbeit macht und einen breiten Horizont von Fähigkeiten erfordert. Das Produktteam unterstützt den Produktmanager.

- **Anforderungen**: Für den Entwicklungsprozess ist das Product Backlog, d.h. der Vorrat aus Anforderungen, entscheidend. Was ist zu tun? Was wird als nächstes gemacht? Die Antworten hierauf liefert das Anforderungsteam. Die Aufgaben des Produktteams: Kundenanforderungen erheben und abstimmen, Ergebnisse testen und bewerten. Fachliche Kenntnisse und Methodenwissen sind wichtig. 10 bis 50% der Teamkapazität für die Arbeit an den Anforderungen sind keine Seltenheit.
- **Architektur und Infrastruktur**: Das technische Fundament muss passen. Für Themen wie Sicherheit, Verfügbarkeit und Skalierbarkeit ist Expertenwissen notwendig. Der Systemarchitekt des Produkts berät den Produktmanager. Es geht um technische Voraussetzungen und Abhängigkeiten in der Umsetzung. Ebenso wichtig: Die strategische Steuerung der Entwicklung, das technische Fundament muss der fachlichen Umsetzung vorausgehen.
- **Steuerung**: Die Steuerung des Teams, die Koordination der Abhängigkeiten zwischen den Teams benötigen Zeit und Kompetenz. Auch das Produktteam organisiert sich selbst und benötigt dafür Rollen und Verantwortlichkeiten. So wie der Scrum Master in einem Entwicklungsteam braucht auch das Produkt einen

»Kümmerer«, einen Facilitator. Die Aufgaben dieser Rolle: der Arbeitsprozess und die Entwicklung des Teams. Größere Mannschaften stoßen schnell an die Grenzen, wenn es gilt, Vereinbarungen zu treffen und Transparenz sicherzustellen. Das Produktteam unterstützt und hütet das vereinbarte Vorgehen.

- **Schnittstellen**: Wie passt das Produkt in die Organisation? Die Kopplung an andere Bereiche und Prozesse muss organisiert, Managementthemen wie Budget, Mitarbeiter und Infrastruktur müssen gesteuert werden. Die internen Prozesskunden aus Betrieb und Service, aus Marketing und Sales wollen eingebunden und informiert sein. Je besser diese Akteure in die Produktarbeit involviert sind, desto reibungsloser läuft die Zusammenarbeit. Für das Produktteam sind diese Stakeholder Partner, Zulieferer und Kunden zugleich. Das Ziel ist eine kooperative und lebendige Zusammenarbeit.

Das Produktteam wächst mit dem Produkt. Der Produktmanager entwickelt sein Team, so dass es die Aufgaben abgedeckt. Jedoch birgt der Fokus auf die Themen Anforderungen, Architektur und Steuerung auch Risiken. Allzu leicht geraten die Umsetzung und das Liefern aus dem Blickfeld. Erst im Zusammenspiel von Produktteam und Entwicklungsteams entfaltet sich die Wucht des agilen Vorgehens. Gemeinsam ist beiden Teams das Anliegen, früh und häufig zu liefern. Die vorbereitenden und unterstützenden Arbeiten dürfen diesen Lieferimpuls nicht beschädigen.

13.2 Den Kommunikationsprozess gestalten

Interaktion und Individuen vor Prozessen und Werkzeugen, so ein Leitwert des agilen Manifestes. Die Zusammenarbeit der Teams und die Umsetzung der Rollen benötigt Kommunikation. Agile Teams gestalten diese Interaktion mithilfe von Zeremonien. Diese Routinen und Spielregeln gliedern die Iteration in wiederkehrende Regeltermine, die jeweils eine definierte Agenda, Teilnehmer und Arbeitsformen festlegen. Auf diese Weise entwickelt sich ein Arbeitstakt, der Pulsschlag des Teams. Die regelmäßigen, stabilen Termine strukturieren die Zusammenarbeit. Abweichungen und Ausnahmen in der Regelkommunikation stören den Takt und erhöhen den Steuerungsaufwand.

Für jeden Termin gibt es eine abgestimmte Agenda und, ebenso wichtig, eine definierte Dauer. Diese *Timebox* ist ein wichtiges Hilfsmittel, um die Zusammenarbeit zu entwickeln. Das Ende der Timebox ist das Ende der Zeremonie. Timeboxing ist für die meisten Teams zu Beginn eine Herausforderung. Nicht immer gelingt es sofort, alle notwendigen Abstimmungen in der fixen Dauer abzuschließen. Jedoch ist dieser Zeitdruck ein wichtiger Feedbackimpuls. Die Frage »Was machen wir beim nächsten Mal anders?« hilft dem Team, sich zu organisieren und den Aufwand für Koordination und

Steuerung unter Kontrolle zu bringen. Klar ist: Das Timeboxing benötigt einen Moderator und kontinuierliche Weiterentwicklung.

Die Zeremonien strukturieren die Zusammenarbeit. Hilfreich dabei ist die Unterscheidung der Arbeitsebenen – die Iteration, das Release, die Roadmap. Je nach Länge des betrachteten Zeitraums werden sich Themen, Teilnehmer und Frequenz unterscheiden.

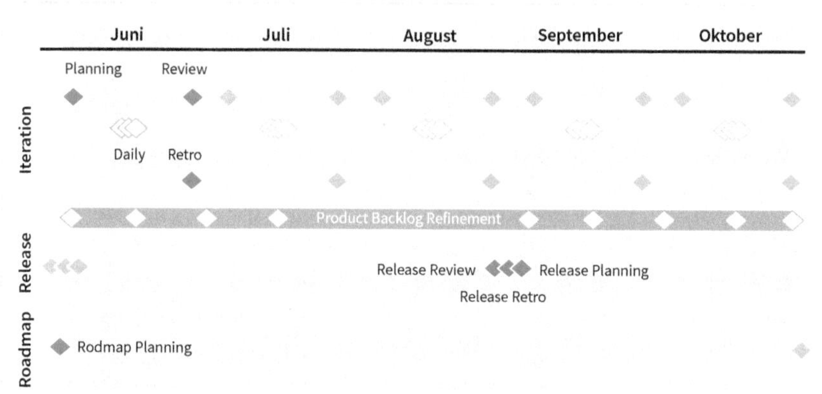

Abb. 54: Kommunikationsplan

13.2.1 Iteration – die Kommunikation im Team

Die Iteration, häufig auch als Sprint bezeichnet, ist der Arbeitstakt des Entwicklungsteams und strukturiert den Umsetzungsprozess, also von Anforderung bis Lösung, in kleine Lieferschritte. Die Zusammenarbeit von Entwicklungsteam und Product Owner ist kontinuierlich und direkt. Je früher Unklarheiten aufgelöst, je schneller Ergebnisse bewertet werden, desto zuverlässiger werden Ergebnisse geliefert. Die Kommunikation im Team ist offen, fair und konstruktiv. Hierarchien und Formalismen verlangsamen den Prozess und gefährden die Zielerreichung.

Termin/Event	Inhalt	Teilnehmer	Rhythmus/Dauer
Iteration Planning (aka Sprint Planning)	Abstimmung des Sprint Goals für die nächste Iteration. **Was** ist zu tun? **Wie** gelingt die Umsetzung?	Product Owner Entwicklungsteam Team Facilitator (z. B. Scrum Master)	alle 2-4 Wochen, jeweils 4-8 Stunden
Team Sync (aka Daily Scrum)	Abstimmung im Entwicklungsteam. Was ist erledigt, was als nächstes zu tun? Welche Hindernisse gibt es?	Entwicklungsteam Team Facilitator (z. B. Scrum Master, Product Owner)	täglich, 15 Minuten

Termin/Event	Inhalt	Teilnehmer	Rhythmus/Dauer
Iteration Review (aka Sprint Review)	Bewertung der Arbeitsergebnisse. Wurde das Ziel der Iteration erreicht? Welche Erkenntnisse lassen sich hieraus ableiten?	Product Owner Entwicklungsteam Stakeholder Team Facilitator (z. B. Scrum Master)	alle 2-4 Wochen, jeweils 2-4 Stunden
Iteration Retrospective (aka Sprint Retrospective)	Bewerten der Zusammenarbeit und der Arbeitsabläufe. Was hat gut geklappt? Was nicht? Was machen wir in der nächsten Iteration anders?	Product Owner Entwicklungsteam Team Facilitator (z. B. Scrum Master)	alle 2-4 Wochen, jeweils 1-3 Stunden

Tab. 4: Iteration Events

13.2.1.1 Iteration Planning

Zwei Fragen müssen zu Beginn der Umsetzung eines Sprints gemeinsam geklärt werden:

- Was wollen wir machen?
- Wie bzw. wieviel setzen wir um?

Ziel des Iteration oder Sprint Planning ist es, einen abgestimmten und realistischen Plan zu erarbeiten. Agile Planung lebt von Diskussion und gemeinsamem Verständnis.

Der Product Owner nimmt im Planungsworkshop eine zentrale Rolle ein. Auf die Frage »Was machen wir als nächstes?« sollte es eine klare Antwort geben. Je besser das Team versteht, welche strategischen Themen und Herausforderungen den Product Owner beschäftigen, desto einfacher gelingt es, sich auf ein Etappenziel zu einigen. Ebenso wichtig: Die Erläuterung der anstehenden, nicht-funktionalen Aspekte sollte ebenfalls klar sein, damit das Team die Vorgehensweise für den anstehenden Sprint durchdenken kann. Der Product Owner liefert den fachlichen Einstieg in die Planungsdiskussion. Unterstützung durch Experten für die nicht-funktionalen Aspekte ist willkommen.

SPRINT GOAL –DAS ZIEL IM TEAM VEREINBAREN

Nicht immer läuft das Iteration Planning wie erwartet. In der Diskussion zwischen Team und Product Owner über Anforderungen und Lösungswege gibt es durchaus Konfliktpotenzial. Nicht alles, was der Product Owner erwartet, ist machbar, nicht alle Schätzungen des Teams sind realistisch. Die Gefahr ist groß, dass in der Diskussion um Anforderungen und Akzeptanzkriterien schnell der Überblick verloren geht und der Workshop mit einem unvollständigen bzw. nicht stimmigen Sprint Backlog endet. Das Ziel des Iteration Planning ist klar formuliert: Es geht um ein gemeinsames Verständnis über das Lieferobjekt am Ende der Iteration – das *Sprint Goal*. Das Iteration Backlog, die einzelnen Anforderungen und Aufgaben, muss also daran gemessen werden, ob es auf diese Weise gelingt, das gemeinsame Ziel zu erreichen.

Das Sprint Goal ist ein wichtiges Hilfsmittel, um diese anspruchsvolle Diskussion gemeinsam zu führen. Natürlich hat der Product Owner seine Erwartung zu Beginn des Workshops klar formuliert. Doch ist das Sprint Goal keine direkte Vorgabe an das Team, vielmehr geht es darum, die Erwartungen des Product Owners im Laufe des Workshops zu verstehen, zu klären, zu bewerten und, falls es gut läuft, natürlich zu bestätigen.

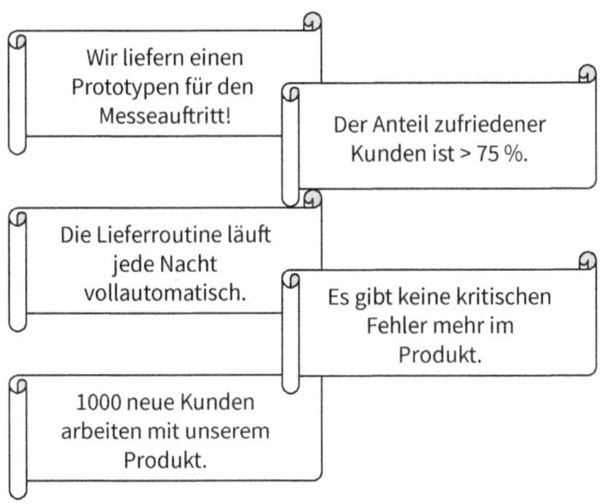

Abb. 55: Sprint Goals – Beispiele

Welche Eigenschaften zeichnen ein gutes Sprint Goal aus?

- **Ambitioniert, aber realistisch** – das Sprint Goal fordert die Mannschaft heraus. Es ist anspruchsvoll, interessant oder einfach sportlich. Gleichzeitig ist das Ziel durchdacht und nicht naiv, es ist machbar. Das Sprint Goal spornt an und ist motivierend.
- **Spezifisch, aber verhandelbar** – das Sprint Goal gibt ein klare Antwort auf die Frage »Was wird geliefert?«. Das kann durchaus detailliert sein. Jedoch ist das Sprint Goal eher eine Überschrift, unterhalb derer sich einzelne Anforderungen und Aufgaben sammeln. Das Sprint Goal gibt Orientierung und lässt Freiraum für Entscheidungen während der Umsetzung.
- **Committed** – das Sprint Goal ist in der Mannschaft klar verstanden und akzeptiert. Die Diskussion sollte offen, respektvoll und konstruktiv laufen. Anderenfalls droht das Sprint Goal als leere Hülle, ohne Unterstützung im Team, zu verpuffen. Auf die Frage »Schaffen wir das?« gibt es ein klares »Ja!« von der gesamten Mannschaft.

Wie läuft der Planungstermin ab? Die beiden Leitfragen »Was wollen wir liefern?« und »Wie setzen wir es um?« geben eine einfache Agenda vor. Der als *Planning One* bezeichnete erste Teil des Workshops bestimmt den Rahmen und klärt die Erwartungen. Im zweiten Teil des Workshops, dem *Planning Two*, greift das Team die vorgeschlagenen Anforderungen auf. Der Product Owner erläutert die User Story und Akzeptanzkriterien und das Entwicklungsteam diskutiert die Umsetzung. Schrittweise ergeben sich Aufgaben, Zuständigkeiten und Abläufe. Das Sprint Backlog, der Arbeitsvorrat für die nächste Iteration, füllt sich. Entscheidend bei dieser Diskussion ist die Frage: »Kriegen wir das hin?«

Agenda für das Iteration/Sprint Planning

1. **Ziele**
   - Wir haben ein gemeinsames Sprint Goal – ambitioniert und realistisch.
   - Wir können mit der Umsetzung starten – das Sprint Backlog ist abgestimmt.
2. **Dauer**
   - 4-8 Stunden
3. **Teilnehmer**
   - Product Owner, Entwicklungsteam, beratende Experten bei Bedarf
4. **Ablauf**
   - 60' Planning One
     - Product Vision und Roadmap klären (PO)
     - Sprint Goal vorschlagen (PO)
     - Feature Set erläutern (PO)
     - Nicht-funktionale Anforderungen (Enabler) und Rahmenbedingungen, Constraints klären: Teamkapazitäten, Qualitätsanforderungen, Abhängigkeiten
   - 120-180' Planning Two
     - 15-30' max. pro User Story
     - User Stories verstehen, Aufgaben ableiten (Team)
     - Machbarkeit bewerten (Team)
     - Sprint Backlog ergänzen (was & wieviel)
   - Sprint Goal abstimmen (PO und Team)
5. **Vorher**
   - Product Backlog Refinement, Anforderungen sind als *Ready* vorbereitet.
   - Qualitätsanforderungen sind geklärt, Definition of Done liegt vor.
6. **Nachher**
   - Sprint Backlog ist vom Team übernommen.
   - Lieferprozess ist gestartet.

13.2.1.2 Iteration Review

Der agile Arbeitsrhythmus von Liefern-Bewerten-Verbessern folgt einem festen Arbeitstakt. Der Lieferzyklus legt den zeitlichen Rahmen für die Umsetzung. Der Abschluss einer Iteration, eines Sprints, ist der *Review*, ein zentrales Scrum Event. Es geht um folgende Fragen:

- Haben wir das Sprint Goal erreicht?
- Erfüllen die Arbeitsergebnisse die Anforderungen?
- Was lernen wir daraus für die Weiterentwicklung?

Organisation und Ablauf eines Reviews

1. **Vorher**
   - Abnahme der fertiggestellten Arbeitsergebnisse durch den Product Owner im Team (*Done*)
2. **Teilnehmer**
   - Product Owner, Entwicklungsteam, Experten, Stakeholder
3. **Dauer**
   - 2-4 Stunden
4. **Ablauf**
   - 5' Was wollten wir erreichen? Sprint Goal
   - 60-90' Was haben wir erreicht? – Demo der Arbeitsergebnisse (ggf. Auswahl von Features, Stories und Enablern), Validieren der Anforderungen und Akzeptanzkriterien (Auswahl)
   - 30-60' Wie machen wir weiter? – Diskussion des Product Backlogs und der Prioritäten
   - 30' Wie kommen wir voran? – Bewertung des Arbeitsfortschritts, Diskussion der strategischen Ziele: Product Vision, Roadmap und Release-Plan
5. **Nachher**
   - Aktualisieren des Product Backlogs

Ein Moment der Wahrheit: So lässt sich der Review aus Sicht des Product Owners beschreiben. Die Bewertung der Ergebnisse liefert die Grundlage, um das weitere Vorgehen abzustimmen. Im Mittelpunkt steht das Lieferobjekt. Wie gut ist es gelungen, das Sprint Goal und die vereinbarten Anforderungen umzusetzen?

Bei der Bewertung der Ergebnisse geht es um Akzeptanzkriterien und Qualitätsmerkmale. Doch der Blick auf die Einzelteile reicht nicht aus. Der Anspruch ist es, eine integrierte, funktionsfähige Lösung zu präsentieren. Dazu müssen aus User Stories

Features, aus Komponenten Lösungen werden. Nur so ist es möglich, die Funktionsfähigkeit und den Mehrwert der Lösung zu bewerten.

Damit wird der Blick frei auf die eigentliche interessante Frage: Haben wir das Sprint Goal erreicht? *Fitness for Use*, so das Leitbild bei der Validierung der Ergebnisse, meint nicht, dass alle Anforderungen wie gefordert umgesetzt wurden. Vielmehr geht es um die Frage: Können wir das Ergebnis nutzen? Der User-centric-Ansatz bedeutet, dass wir diese Frage dem Nutzer stellen – im Review sind die Key Stakeholder mit dabei. Klar ist: Diese Kommunikation über das Produkt ist gut vorbereitet. Für den Product Owner ist das Review ein Element der Stakeholder-Kommunikation. Teilnehmer, Inhalte und Ablauf sind vorab durchdacht.

13.2.2 Release – die Stakeholder einbinden

Der Release-Takt strukturiert den Lieferzyklus, also die Strecke von Beauftragung bis Lieferung. Mit jedem Release wird ein nutzbares Ergebnis an den Kunden bzw. die Nutzer übergeben, es wird geliefert. Die Bereitstellung eines Release erfordert in der Regel die Zusammenarbeit von mehreren Akteuren: Das Entwicklungsteam stellt die Ergebnisse bereit, die Bewertung und Abnahme durch den Kunden muss abgeschlossen und die Integration in die Produktionsumgebung durchgeführt werden. Die Kommunikation für ein Release greift über das Produktteam hinaus. Die Beteiligung der relevanten Abteilungen und Stakeholder lässt sich in den Release-Zeremonien organisieren.

Termin/Event	Inhalt/Aufgaben	Teilnehmer	Rhythmus/Dauer
Release Planning	Abstimmung des Release Goals, des Minimum Viable Products und der relevanten Features	Produktmanager Product Owner System Architect Entwicklungsteams Stakeholder Facilitator	alle 4-12 Wochen, 1-2 Tage plus Vorbereitung
Release Review	Bewertung und Abnahme des integrierten Lieferobjektes auf Vollständigkeit und Nutzbarkeit	Produktmanager Product Owner System Architect Entwicklungsteams Stakeholders Facilitator	alle 4-12 Wochen, 1-2 Tage plus Vorbereitung
Release Retrospective	Bewertung und Anpassung des Lieferprozesses bzgl. Qualität, Integration und Koordination	Produktmanager Product Owner System Architect Entwicklungsteams Facilitator	alle 4-12 Wochen, 1-2 Tage plus Vorbereitung

Tab. 5: Release Events

13.2.2.1 Release Planning

Mit der Planung eines Releases oder eines Umsetzungsprojektes wächst die Komplexität. Die Anzahl der Anforderungen, die technischen Abhängigkeiten oder die Größe des Teams sprengen schnell den Rahmen des Iteration Planning.

Das *Release Planning* ist ein Workshop-Format. Hier können große Teams längere Umsetzungsabschnitte gemeinsam planen. Daher wird es häufig auch als *Big Room Planning* bezeichnet. Worum geht es in diesem Termin?

- Klärung der Ziele, Koppelung der strategischen Themen mit der Umsetzung
- Klärung des Release-Strategie, der Guardrails (Leitplanken) und der teamübergreifenden Kommunikation
- Klärung von Kapazitäten, Abhängigkeiten und Standards
- gemeinsames Commitment auf Ziele und Termine

Die Idee, mit 50 bis 150 Personen über ein bis zwei Tage einen Umsetzungsplan abzustimmen, erfordert gute Vorbereitung und Moderation. Die Blaupause darf aber nicht darüber hinwegtäuschen: Die Herausforderung ist immens.

Organisation und Ablauf eines Release Planning Workshops

1. **Vorbereitung**
   - startet 4-8 Wochen vor der Durchführung
   - beteiligt sind: Produktverantwortliche, Teams in Vertretung durch Scrum Master, Projektmanager o. a., Stakeholder bei der inhaltlichen Klärung, Supporteinheiten bei der Ablauforganisation
   - Inhalt
     - Product Vision und Roadmap sind definiert und abgestimmt
     - Refinement der 10-20 wichtigsten Features (Business Value, Akzeptanzkriterien und Abhängigkeiten)
     - Architecture Vision und Standards sind definiert und abgestimmt
   - Organisation
     - Teams sind identifiziert und vorbereitet
     - Rollen benannt und trainiert
     - Moderator benannt und vorbereitet
   - Infrastruktur
     - Technik, Räume, Verpflegung etc. sind geklärt
     - Teamevent ist organisiert
2. **Durchführung**
   - Dauer 1-2 Tage
   - 50 bis 150 Teilnehmer: Produktverantwortliche, das gesamte Umsetzungsteam, Businessvertreter und Moderatoren (Scrum Master, Release Train Engineers, etc.)

Ein Beispiel für eine Workshop Agenda, angelehnt an das PI Planning des SAFe Frameworks, könnte so aussehen (siehe auch https://www.scaledagileframework.com/):

Tag 1

Welcome			
08:30	Business-Kontext klären	Business-Vertreter	Strategische Ziele und Positionierung sind geklärt
09:00	Product Vision & Roadmap	Produkt-Verantwortliche	Themenschwerpunkte (Epics) und zeitlicher Kontext sind geklärt.
10:30	Architecture Vision	System-Architekten	Technisches Zielbild und Lösungskomponenten sind geklärt.
11:30	Planning Procedure	Moderator	Ablauf, Werkzeuge und Infrastruktur sind geklärt
Pause			
13:00	Team Break Outs	Teams, Moderatoren	Arbeit an den Features und dem Program Board (Entwurf)
16:00	Draft Plan Review	Alle; Moderator	Synchronisation der Einzelpläne (Entwurf)
17:00	Management Review & Problem Solving	nach Bedarf	Konflikte, Synergien, Risiken bewertet, Lösungsansätze identifiziert, Entscheidungen getroffen
Team-Event			

Tag 2

Warm Up			
08:00	Planning Adjustments	Moderator	Entscheidungen und Anpassungen aus dem Draft Plan Review sind geklärt
09:00	Team Breakouts	Teams, Moderatoren	Arbeit an den Features und dem Program Board (Final)
11:00	Final Plan Review	Alle; Moderator	Synchronisation der Einzelpläne (Final)
Pause			
13:00	Programm Risks	Alle; Moderator	Risiken konsolidiert und bewertet; Maßnahmen vereinbart
14:00	Confidence Vote	Alle	Team Commitment für den Umsetzungsplan geklärt
14:30	Rework (bei Bedarf)		
15:30	Planning Retrospective	Alle; Moderator	Reflektion des Ablaufs und der Ergebnisse, Verbesserungsansätze benannt.
Farewell			

Abb. 56: Beispiel für eine Release-Planning-Agenda

Die Integration der Arbeitsergebnisse ist bereits in kleinen Teams eine Herausforderung. Umso schwieriger und aufwendiger wird die Koordination der Einzelteile, wenn das Team wächst. Je größer die Anzahl der Abhängigkeiten und Schnittstellen, desto aufwendiger die Koordination, desto fehleranfälliger die Integration. Für den Product Owner bedeutet dies: gute Vorbereitung. Je besser das Product Backlog für die agile Umsetzung vorbereitet ist, desto einfacher die Planung:

- **Thinly sliced**: Der einfache Grundsatz gilt auch hier: Je weniger Abhängigkeiten existieren, desto geringer der Aufwand für Koordination und Integration. Der Product Owner sollte hierfür die Voraussetzungen schaffen. Die Modularisierung der Lösungsbausteine, die »lose« Koppelung über standardisierte Schnittstellen helfen dabei, Abhängigkeiten zu verringern und erleichtern die agile Teamarbeit.
- **Continuous Integration**: Je früher die Integration erfolgt, desto eher können Probleme erkannt werden. Die fortlaufende Integration stellt hohe Herausforderungen an die Prozesse und die Infrastruktur. Jedoch lohnt sich der Aufwand, um die technischen Schulden und damit die Lieferfähigkeit zu managen. Der Product Owner sollte diese Enabler im Product Backlog abbilden. Die Arbeit am Lieferprozess ist eine wichtige Voraussetzung für die agile Zusammenarbeit.

13.2.2.2 Program Board

Der Planungsworkshop ist der Ort, an dem das Team gemeinsam Abhängigkeiten identifiziert und klärt. Damit das gelingt, müssen die Schnittstellen und Zulieferungen zwischen den Teams transparent gemacht werden. Ein Hilfsmittel hierfür: das *Program Board.*

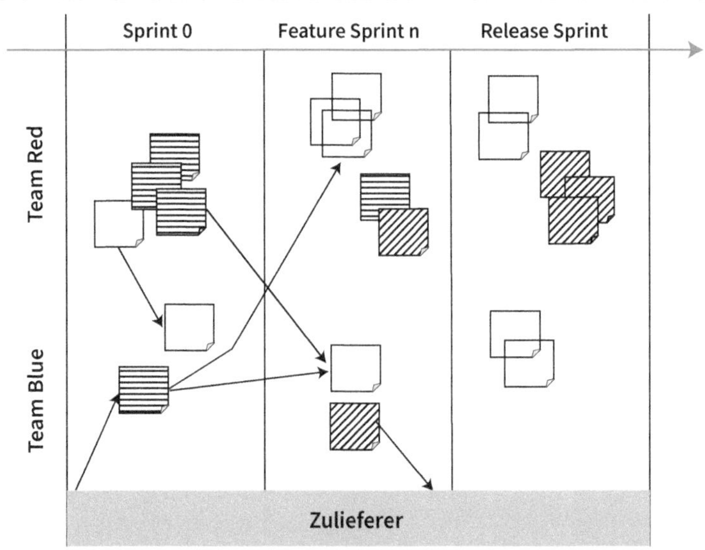

Abb. 57: Program Board

Die Plandiskussionen in den einzelnen Teams liefern eine Übersicht der benötigten Zulieferungen und Abhängigkeiten. Beispiele hierfür: notwendige Vorleistungen aus anderen Teams, verfügbare Schnittstellen zur Integration oder Abhängigkeiten von externen Zulieferern und Managemententscheidungen. Schrittweise werden die Abhängigkeiten auf dem Program Board visualisiert und aufgelöst. Eine einfache Möglichkeit sind farbige Bindfäden, die auf dem Board aufgespannt bzw. eingezeichnet werden. Schnell entsteht so ein Netz aus Beziehungen, das in der Planung und Steuerung koordiniert werden muss. Die Visualisierung macht deutlich: je weniger Verbindungen, desto besser.

- **Abhängigkeiten erkennen**: Zu jedem Feature lassen sich die Vorgänger und Nachfolger diskutieren. Den Teams gelingt es in der Regel schnell, die für ihre Arbeit notwendigen Zulieferungen zu benennen. Schwieriger ist es, die Auswirkungen der eigenen Arbeit auf andere Teams zu erkennen. Dies klappt leicht im Gespräch zwischen den Teams. Diese Abstimmung ist erst beendet, wenn keine »losen« Enden übrig sind, also jede eingehende Abhängigkeit mit der ausgehenden Abhängigkeit eines anderen Teams verknüpft ist.
- **Abhängigkeiten vermeiden**: Soweit möglich sollten Features, Fähigkeiten und Verantwortlichkeiten gebündelt werden. Gerade zu Beginn einer Entwicklungsstrecke ist die Anzahl der Schnittstellen in der Regel groß. Je weiter die Produktentwicklung fortschreitet, desto besser sollte die Passung zwischen Teamzusammensetzung, fachlicher Schneidung und technischer Architektur gelingen. Die vertikalen Iterationsspalten sollten eine möglichst geringe Anzahl von Abhängigkeiten aufweisen.
- **Nachbereitung**: Das Program Board ist eine visuelle Abbildung der Planungsergebnisse. Damit ist der Rahmen für die Umsetzung gelegt. Das Programm Board ist jedoch kein Detailplan. Das Iteration Planning, also die Ableitung von Arbeitsaufgaben, erfolgt unverändert auf Sichtweite im Iterationstakt in den Einzelteams.

13.2.3 Roadmap – die strategische Koppelung sicherstellen

Die Roadmap verbindet die Umsetzung mit der strategischen Steuerung des Produkts. Die Product Vision muss übersetzt werden in Minimum Viable Products, Epics und Meilensteine. Die Roadmap ist eine rollierende Planung, die auf Sichtweite die Themenschwerpunkte benennt und Termine plant. Damit definiert die Roadmap die Inhalte für die Arbeit am Product Backlog (siehe Kapitel 9). Das Refinement, also das kontinuierliche Anpassen und Verfeinern der Anforderungen, lässt sich ebenfalls als Zeremonie in den Regelablauf einplanen.

Thema	Inhalt/Aufgaben	Teilnehmer	Rhythmus/Dauer
Roadmap Planning	Welche strategischen Schwerpunkte werden wann angegangen?	Product Manager Product Owner System Architect Facilitator	kontinuierliche Diskussion, regelmäßige Anpassung 3-6 Monate
Backlog Refinement	Übersetzung der Epics in Features, Stories und Acceptance Criterias	Product Owner Entwicklungsteams Facilitator	Kontinuierliche Aufgabe mit Regelterminen alle 1-2 Wochen

Tab. 6: Roadmap Events

13.3 Die Prozesse wachsen lassen

Erfolgreiche Projekte sind vor allem eins: Sie sind klein. Ein überschaubares Team und eine kurze Laufzeit – jeder Projektmanager kennt dieses Paradox. Die Arbeit gelingt gut, wenn die Aufgabe klein und Organisation schlank bleibt. Jedoch in der Praxis geschieht häufig das Gegenteil. Das Rampenlicht fällt auf die großen, komplexen, schwergewichtigen Projekte. Die Größe des Teams gilt immer noch als Ausdruck für Wichtigkeit. Die Erfahrung zeigt jedoch, dass mit der Größe der Aufgabe die Steuerung komplexer und die Integration schwieriger wird. Kurz: Wir werden langsamer und schwerfälliger. Agilität geht dabei schnell verloren.

Frühe Lieferung, einfache Abläufe und eine offene, vertrauensvolle Kommunikation sind das Fundament der agilen Produktarbeit. Klar ist: Je größer die Mannschaft desto schwieriger wird es. Immer weniger kann im direkten Kontakt gemeinsam geklärt werden, immer mehr Aufgaben und Abhängigkeiten müssen koordiniert werden. Die Skalierung, also die Anwendung der agilen Methoden auf größere Teams, ist kein Selbstläufer. Scrum & Co. sind im Kern Kleingruppenformate, für die Koordination einer großen Mannschaft reichen die einfachen Muster nicht aus. Sie geben Anregungen, aber keine Antworten auf die Frage, wie Agilität in großen Teams umgesetzt werden kann.

Spotify: die Organisation wächst mit dem Produkt

Wie selbstverständlich bewegen sich viele der Pure Digitals in einem agilen Arbeitsumfeld. Unternehmen wie Netflix und Google sind in ihren Genen agil gestartet. Mit dem Erfolg ihrer Produkte wuchsen auch die Organisationen. Ein viel diskutiertes Beispiel ist das schwedische Unternehmen Spotify. Die nahezu 200 Millionen weltweiten Nutzer des Online-Musikdienstes sind Ausdruck dieser hohen Kundenorientierung und Innovationskraft. Das Unternehmen beschäftigt mittlerweile 4000 Mitarbeiter an mehr als 20 Standorten weltweit. Der Wettbewerbsdruck hat dabei keinesfalls abgenommen, eher im Gegenteil. Spotify steht für eine erstaunliche Erfolgsgeschichte – ein global agierendes Großunternehmen mit der Innovationskraft und Geschwindigkeit eines Start-ups. Die *Spotify Engineering Culture* ist zum Leitbild für viele andere Unternehmen geworden. Die *Tribes*, *Squads* und *Scouts* der Spotify-Teams haben viele Organisationen inspiriert. Die Leitfrage: Wie können wir die agile Arbeitsweise auf komplexe Produkte und große Unternehmen übertragen? Die Lösungsansätze der Spotify-Organisation sind zu Blaupausen geworden, einem Muster, das zur Nachahmung anregt. Doch lässt sich die Spotify-Erfahrung tatsächlich übertragen? Spotify versteht die eigene Organisation als lebendige, gewachsene Antwort auf die Herausforderung des Spotify-Geschäftsmodells. Anders gesagt: Spotify selbst geht es in erster Linie nicht um Tribes, Squads und Scouts, sondern um den kontinuierlichen Lernprozess, um die iterative, organische Weiterentwicklung der Arbeitsweise.

Die Lernkultur eines jungen Start-ups lässt sich an ihren Artefakten und Rollen gut beschreiben und diskutieren. Für eine agile Transformation jedoch ist es sicherlich nicht ausreichend, die Fassade zu imitieren. Die Übernahme der Spotify-Muster mag ein Schritt hin zur agilen Organisation sein, eine Lösung ist sie nicht. Wenig erstaunlich, dass einige Unternehmen schmerzhaft erfahren mussten, dass eine schlagartige Big-Bang-Umstellung der Organisation vor allem Unruhe erzeugt.

Skalierung ist ein Wachstumsphänomen. Mit den Kunden kommen neue Anforderungen, mit dem Betrieb kommen neue Prozessanforderungen. Eine direkte Antwort darauf: neue, zusätzliche Teams. Diese horizontale Skalierung erweitert das Produktteam um weitere, eigenständige Liefereinheiten. Das organische Wachstum folgt dem Pull-Prinzip. Die zusätzlichen Mitarbeiter, Rollen und Abläufe werden nach Bedarf aufgebaut. Die Integration in die bestehende Organisation erfolgt schrittweise – iterativ-inkrementell. Auf diese Weise entwickelt sich das gesamte Team behutsam voran. Dabei ist die Mischung aus erfahrenen Mitarbeitern und bewährter Vorgehensweise und neuen Kollegen und Strukturen wichtig. Tendenziell gilt: Die Einarbeitung neuer Mitarbeiter sollte die erfahrenen Mitarbeiter nicht am Liefern und Umsetzen hindern. Im Zentrum stehen auch hier das Produkt und der Lieferprozess. Damit das gelingt, benötigt der Produktmanager Kennzahlen und Indikatoren, um die Lieferfähigkeit des Teams beurteilen und gegebenenfalls reagieren zu können.

Skalierung ist eine kontinuierliche Herausforderung. Der Wachstumsprozess ist eine fortlaufende Weiterentwicklung. Das Leitbild ist die organische Entwicklung, ein tastendes Lernen, Bewerten und Verbessern. Jede agile Transformation, jede agile Skalierung ist ein Einzelstück, das mit Sorgfalt und Ausdauer für dieses Produkt, für diese Mannschaft gestaltet wird. Für diesen Entwicklungspfad lassen sich Leitplanken benennen:

- **Small & nimble**: Kleine Teams, kurze Sprints und häufige Lieferungen von nutzbaren Ergebnissen sind die Erfolgsfaktoren der agilen Arbeitsweise. Die einfachen

Muster sind die besseren Muster. Komplexität wird vermieden, in dem sie zerlegt wird. Bei der Schneidung der Aufgaben werden Abhängigkeiten vermieden und Schnittstellen vereinfacht. Damit bleiben die Lieferteams unabhängig und können autark arbeiten.

- **You can't scale crappy code**: Gute Qualität ist die Basis für die Skalierung. Agile Teams messen sich an Lieferfähigkeit, Geschwindigkeit und Qualität. Zuerst geht es darum, ein eingeschwungenes Team mit einem stabilen leistungsfähigen Lieferprozess aufzusetzen.
- **It's all about the product**: Das Produkt steht im Zentrum, das Team ist der Erfolgsfaktor. Komplexe Produkte und Organisationen sind Einzelstücke. Die Methode tritt hinter das Produkt zurück. Wirkungslose Methoden, langsame Prozesse, mühsame Werkzeuge: Das Vorgehen muss sich beweisen an der Frage: Geht es voran mit dem Produkt?
- **Excellence matters**: Eine exzellente Architektur ist wichtige Grundlage für die agile Arbeitsweise. Eine modulare, funktionsorientierte Architektur des Produkts ist die Voraussetzung, damit autarke Liefereinheiten und kontinuierliche Integration gelingen. Je größer das Team, desto wichtiger wird die Arbeit an der Produktarchitektur.
- **Scaling iterative & incremental**: Die Skalierung ist ein kontinuierlicher Lernprozess. Die Organisation wächst mit den Aufgaben, nach Bedarf im Pull-Prinzip. Das Team reflektiert die Vorgehensweise immer und immer wieder, geht schrittweise vor, misst sich an der Wirksamkeit.

Skalierung ist kein Selbstläufer. Wie kann die agile Transformation für komplexe Produkte und Organisationen gelingen Im Blog »Sprint Zero« geht die Diskussion weiter, mit Beispielen und aktuellen Entwicklungen.
www.c43p.de

Mit der Skalierung des Entwicklungsteams verändern sich die Aufgaben des Produktmanagers. Das Management des Produkts, also das Planen, Bewerten und Anpassen, muss neben den Anforderungen auch den Prozess steuern. Damit Abweichungen früh erkannt und Maßnahmen gestartet werden, muss der Produktmanager die aktuelle Prozessperformance kennen. Kennzahlen und Indikatoren helfen, den aktuellen Status zu bewerten und Prognosen über den zukünftigen Verlauf abzuleiten.

Ein Ansatz hierfür ist das *Evidence Based Management (EBM) Framework*. Das Framework liefert ein Kennzahlenraster für die faktenbasierte Analyse des Prozesses. Der

EBM-Ansatz schlägt vier Kennzahlen vor: zwei voranlaufend, auf die Potenziale fokussiert (Ability to Innovate, Unrealized Value), zwei nachlaufend auf den Status quo fokussiert (Current Value, Time-to-Market).

Das Kennzahlen-Cockpit benötigt eine valide Datenbasis. Dabei geht es nicht um möglichst viele Indikatoren und Rohdaten, sondern um eine Auswahl von wenigen, aber aussagekräftigen Kennzahlen. In der Regel reichen drei bis fünf Indikatoren, um eine akzeptable Steuerungssicht zu bekommen. Doch welche Indikatoren sind sinnvoll? Das hängt häufig auch von der Verfügbarkeit der notwendigen Daten ab. In der Regel sind es eher die einfachen Indikatoren, die leicht erhoben, schnell verdichtet und einfach interpretiert werden können.

13.3.1 Current Value – wie gut klappt die Wertschöpfung?

Current Value: Der Status quo der Wertschöpfung fokussiert auf Effizienz und Kundenzufriedenheit. Wie gut gelingt es uns, für unsere Kunden Mehrwert zu liefern, für unsere Mitarbeiter ein optimales Arbeitsumfeld bereitzustellen und das Unternehmen profitabel zu gestalten?	
Umsatz pro Mitarbeiter	Das Verhältnis (Umsatz/Anzahl der Mitarbeiter) ist ein entscheidender Wettbewerbsindikator. Er variiert je nach Branche erheblich.
Produktkostenquote	Gesamtausgaben und -kosten für das oder die zu messenden Produkte/Systeme einschließlich der operativen Kosten im Vergleich zu den Einnahmen
Mitarbeiterzufriedenheit	Eine Form der Stimmungsanalyse, um die Zufriedenheit der Mitarbeiter zu messen: Engagement, Energie und Enthusiasmus
Kundenzufriedenheit	Eine Form der Stimmungsanalyse, um das Engagement und die Zufriedenheit der Kunden mit dem Produkt zu messen
Nutzungsindex	Messung der Nutzung nach Merkmalen, um den Grad der Zufriedenheit mit dem Produkt zu ermitteln: Finden Kunden das Produkt nützlich und entspricht die tatsächliche Nutzung den Erwartungen?

Tab. 7: Current Value

13.3.2 Time-to-Market – wie schnell gelingt die Umsetzung?

Time-to-Market: Die Prozessperformance ist das Fundament für den kontinuierlichen Strom aus Innovationen und Verbesserungen. Wie schnell gelingt es uns, aus Anforderungen Lösungen zu entwickeln? Wie lange dauert es, auf Veränderungen zu reagieren und das Produkt anzupassen?	
Integrationsfrequenz	Die Anzahl der integrierten und getesteten Integrationen pro Zeitraum. Für ein Team, das häufig oder kontinuierlich Releases veröffentlicht, wird diese Maßnahme durch tatsächliche Release-Maßnahmen ersetzt.
Release-Häufigkeit	Die Anzahl der Releases pro Zeitraum, z. B. kontinuierlich, täglich, wöchentlich, monatlich, vierteljährlich. Dies trägt dazu bei, die benötigte Zeit zu reflektieren, um den Kunden mit neuen und wettbewerbsfähigen Produkten zufriedenzustellen.
Release-Stabilisierungszeitraum	Die Zeit, die für die Korrektur von Produktproblemen zwischen dem Zeitpunkt, an dem das Produkt nach Aussage der Entwickler zur Veröffentlichung bereit ist, und dem Zeitpunkt, an dem es tatsächlich an die Kunden freigegeben wird, aufgewendet wird. Dies hilft, die Auswirkungen schlechter Entwicklungspraktiken und der zugrundeliegenden Design- und Codebasis darzustellen.
Mittlere Reparaturdauer	Die durchschnittliche Zeitspanne ab dem Zeitpunkt, an dem ein Fehler entdeckt wird. Dies hilft, die Effizienz einer Organisation bei der Behebung eines Fehlers aufzuzeigen.
Zykluszeit	Die Zeitspanne vom Beginn der Arbeit an einem Release bis zu dem Zeitpunkt, an dem der Fehler behoben ist. Diese Kennzahl hilft, die Fähigkeit eines Unternehmens widerzuspiegeln, seine Kunden zu erreichen.
Vorlaufzeit	Die Zeitspanne ab dem Zeitpunkt, ab dem eine Idee vorgeschlagen oder eine Hypothese aufgestellt wird, bis zu dem Zeitpunkt, an dem ein Kunde von dieser Idee profitieren kann. Diese Kennzahl kann variieren je nach Kunde und Produkt. Es ist ein beitragender Faktor für Kundenzufriedenheit.
Lerngeschwindigkeit	Die Gesamtzeit, die benötigt wird, um eine Idee oder eine Verbesserung zu skizzieren und umzusetzen.

Tab. 8: Time-to-Market

13.3.3 Ability to Innovate – wie innovativ sind wir?

Ability to Innovate: Die Fähigkeit, neue Lösungen zu entdecken, hinterlässt einen sichtbaren Abdruck im Produktportfolio. Wie groß ist der Anteil der Innovationsarbeit? Wie gut ist die Balance von marktreifen Produkten zu erfolgsversprechenden Kandidaten? Wie gut gelingt es uns, unsere Innovationen zum Kunden zu bringen? Was sagt der Kunde dazu?	
Feature-Nutzungs-index	Messung von Produktmerkmalen, die häufig verwendet werden. Dies hilft bei der Erfassung von selten oder nie verwendeten Merkmalen.
Innovationsrate	Der Prozentsatz des Aufwands oder der Kosten, der für neue Produktfunktionen aufgewendet wird, geteilt durch Gesamtproduktaufwand oder -kosten. Dies gibt Einblick in die Fähigkeit der Organisation, neue Produktfähigkeiten zu liefern.
Defekttrends	Messung der Veränderung von Defekten seit der letzten Messung. Ein Fehler ist alles, was den Wert des Produkts für einen Kunden, einen Benutze, mindert. Defekte sind im Allgemeinen Dinge, die nicht wie beabsichtigt funktionieren.
On-Product-Index	Der prozentuale Anteil der Zeit, den Teams für die Arbeit an Produkt und Wert aufwenden.
Index der installierten Versionen	Die Anzahl der Versionen eines Produkts, die derzeit in der Nutzung unterstützt werden. Dies spiegelt den Aufwand wider, den die Organisation für die Unterstützung und Pflege älterer Versionen aufwendet.
Technische Verschuldung	Ein Konzept in der Programmierung, das die zusätzliche Entwicklung und Testarbeit widerspiegelt, die entsteht, wenn Quick-and-Dirty- Lösungen akzeptiert werden. Technische Schulden reduzieren den Wert des gelieferten Produkts und erhöhen das Risiko.
Trends bei Produktionszwischenfällen	Die Anzahl der Unterbrechungen im Entwicklungsprozess, um ein Problem in einem installierten Produkt zu beheben. Die Kennzahl gibt Auskunft über die Stabilität des Produkts und des Prozesses.
Aktive Codezweige	Zeit, die für das Zusammenführen von Code zwischen Zweigen aufgewendet wurde. Diese Messgrößen ähneln dem Index für installierte Versionen, da verschiedene installierte Versionen in der Regel getrennte Codezweige haben.
Zeitaufwand für den Kontextwechsel	Anzahl der Besprechungen pro Tag pro Person und die Anzahl der täglichen Unterbrechungen der Teammitglieder, um Personen außerhalb des Teams zu helfen.

Tab. 9: Ability to Innovate

13.3.4 Unrealized Value– schöpfen wir unser Potential aus?

Unrealized Value: Ein Vergleich zum Markt und unseren Mitbewerbern gibt Auskunft über unsere Wettbewerbsfähigkeit. Eine Analyse des Kundenverhaltens bei Kauf und Wiederkauf gibt uns früh Signale. Wachsen wir mit dem Markt? Wie gut gelingt es, bestehende Kunden zu binden? Wo kommen die neuen Kunden her, wo gehen ehemalige Kunden hin?	
Marktanteil	Der relative Anteil des Produkts am Gesamtmarkt.
Zufriedenheitslücke	Der Unterschied zwischen der gewünschten Erfahrung eines Kunden oder Benutzers und seiner aktuellen Erfahrung.

Tab. 10: Unrealized Value

Für die operative Steuerung kann das Cockpit als Monitor genutzt werden. Schwellenwerte und Toleranzbereiche helfen dabei, Abweichungen früh zu erkennen. Die Analyse von Mustern und Signalen ermöglichen es, vorausschauend und präventiv zu steuern. Für die strategische Steuerung ermöglicht das Cockpit den Vergleich mit anderen Produkten und Wettbewerbern. Die aktuelle Performance lässt sich mit einem Sollwert abgleichen.

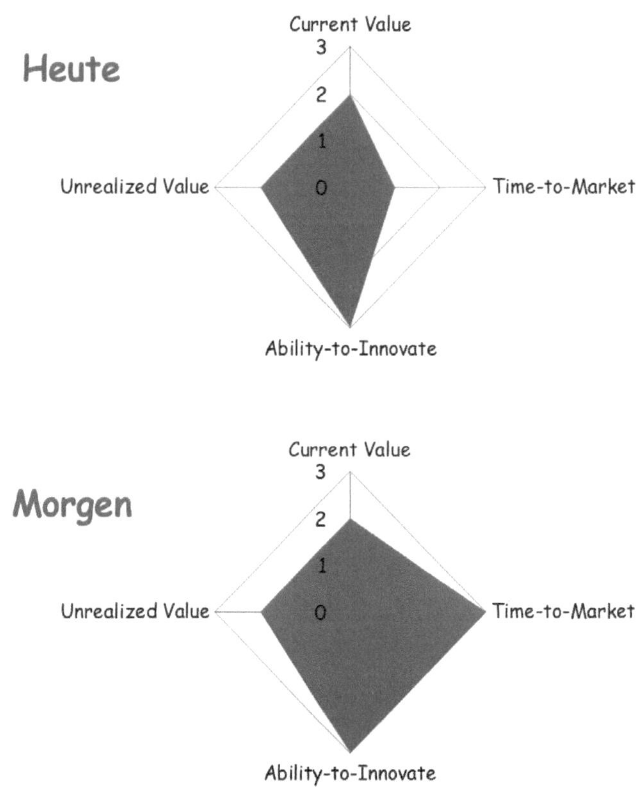

Abb. 58: Prozess-Cockpit

ARBEITSMATERIALIEN

- Sind die Rollen geklärt? Sind die notwendigen Befugnisse und Fähigkeiten vorhanden, um den Lieferprozess zu steuern?
- Sind die Zeremonien für die Steuerung von Iteration, Release und Roadmap abgestimmt und eingeschwungen?
- Wie wird die dauerhafte Weiterentwicklung der Produktmanagementprozesse sichergestellt? Welche Kennzahlen und Indikatoren sollen genutzt werden?

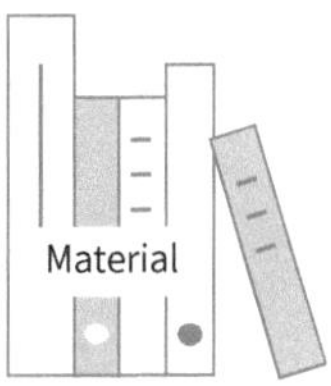

- Evidence Based Management: https://www.scrum.org/resources/evidence-based-management
- Spotify Engineering Culture: https://engineering.atspotify.com/2014/03/27/spotify-engineering-culture-part-1/
- The Principles of Product Development Flow: Second Generation Lean Product Development. Donald G. Reinertsen (2009)
- SAFe Framework: https://www.scaledagileframework.com/
- LeSS Framework: https://less.works/
- Holacracy – Evolve Your Organization: www.holacracy.org

14 Wie agil wollen wir sein? – das Zielbild klären

Agilität ist ein Leitbild bei der Gestaltung der Organisation. Egal ob die Teams einem organischen Entwicklungspfad folgen und – Bottom-up – in die agile Organisation hineinwachsen oder ob eine plangetriebene, gesteuerte Transformation – Top-down – das Vorgehen lenkt: Für die Gestaltung der Organisation braucht es ein Zielbild.

Ein Blick nach vorn

New Work steht für die Idee, eine neue Arbeitswelt mit neuen Formen der Zusammenarbeit zu gestalten. Getrieben vom rasanten und disruptiven Wachstum der *pure digital Start-ups* ist eine bunte Schar von experimentellen Blaupausen erwachsen. Gemeinsam ist ihnen das Streben nach maximaler Anpassungsfähigkeit. Ein Beispiel hierfür ist *Holocracy.* Die permanente Organisation aus Abteilungen und Prozessen ist verschwunden. An diese Stelle tritt ein dynamisches Gefüge aus *Roles*, *Circles* und *Rules*. Die Rollen hängen nicht an Personen, sondern an Aufgaben. Mit neuen Aufgaben entstehen neue Rollen, andere passen sich an oder lösen sich auf. Jeder Mitarbeiter trägt mehrere, mancher viele Rollen. In sich selbst organisierenden Kreisen, Circles, arbeiten die Mitarbeiter zusammen. Gemeinsam entwickeln sie Rollen und verteilen die Aufgaben. Eine formale Hierarchie gibt es nicht, im Zentrum stehen die Aufgaben. Die Circles sind miteinander verwoben. Zusammenhängende Circles bilden *Supercircles.* Für die übergreifende Koordination gibt es Lead-Links: Personen, die ihren Circle nach Bedarf vertreten. Die Zusammenarbeit folgt Regeln. Die Circles erarbeiten ihre Arbeitsregeln, Rules, gemeinsam, entwickeln sie nach Bedarf und teilen sie untereinander. Die Meetings sind klar strukturiert: *Tactical*- bzw. *Issue*-Meetings konzentrieren sich auf die operative Arbeit, *Gouvernance*-Meetings darauf, die Spielregeln weiterzuentwickeln. Kann das funktionieren? Unternehmen wie der amerikanische Internet-Retailer Zappos sind davon überzeugt. Der Umstieg in die dynamische Selbstorganisation ist radikal und anspruchsvoll.

Agiles Management ist ein Ansatz zur Gestaltung der Produktverantwortung. Hohe Flexibilität und Geschwindigkeit bieten viele Vorteile. Doch jede Organisation sollte das Zielbild klären: Wieviel Agilität wollen wir nutzen?

- **Agilität als Werkzeug**: Die Methoden und Ansätze der agilen Produktarbeit prägen die Projekt- und Produktarbeit. Die Teams entscheiden, welche Werkzeuge sie verwenden wollen. Die Abläufe und Verantwortlichkeiten bleiben jedoch unverändert. Agilität ist ein Werkzeug, um Kreativität und Motivation auf der Teamebene zu fördern.

- **Agilität als Prozess**: Das Produktmanagement sucht frühes und häufiges Feedback. Der Kundenkontakt ist zentral. Damit das gelingt, ist die Organisation schlank und flexibel. Freiräume und Verantwortung wandern zurück in die Produkte. Es entsteht eine flache Aufbauorganisation mit direkter Kommunikation und wenig Hierarchie.
- **Agilität als Kultur**: Innovation lässt sich nicht delegieren, Kreativität nicht anweisen. Hierarchien und Macht behindern den Austausch und lähmen den kreativen Impuls. Führungsverantwortung ist eine dienende Rolle. Im Zentrum stehen selbstorganisierte, kleine Teams, die volle Verantwortung für ihre Aufgabe übernehmen.

Damit die Methode nicht an Stolperfallen und Vorbehalten scheitert, sollten die Voraussetzungen stimmen. Das Agility Assessment ist ein Werkzeug, um den aktuellen Status zu bewerten und das Zielbild für die Zukunft zu definieren.

		unwichtig – wichtig
Strategie	Wie wichtig sind uns Innovationskraft und Kundenorientierung im Vergleich zu Kosten und Umsatz? Haben wir Freiräume, um zu experimentieren? Wie wichtig sind uns zufriedene Kunden?	
Technologie	Wie gut ist die Architektur und Infrastruktur für eine modulare Umsetzung und eine inkrementelle Bereitstellung geeignet? Lassen sich kleine Änderungen mit kleinem Aufwand umsetzen? Sind Schnittstellen standardisiert und Abhängigkeiten unter Kontrolle?	
Stakeholder	Sind die Kunden, Nutzer und Schnittstellenpartner am Erfolg interessiert? Wie offen sind die Partner für Experimente und wie gehen sie mit Unsicherheit um?	
Prozesse	Wie anpassungsfähig sind unsere Abläufe? Können Pläne und Vorgehensweise kurzfristig und mit geringem Aufwand verändert werden? Wie groß ist der Abstimmungsaufwand, wie lang die Reaktionszeit um Arbeitsweisen anzupassen?	
Organisation	Wie unabhängig sind die Lieferteams? Können Umsetzungsentscheidung schnell und kompetent getroffen werden? Sind die Mitarbeiter bereit, Verantwortung zu übernehmen? Ist das Management bereit, Verantwortung abzugeben?	
Kultur	Ist das Neue willkommen? Wie gehen wir mit Veränderungen um? Wird Verantwortung übernommen und Leistung honoriert? Wie gehen wir mit Fehlern und Misserfolgen um? Sind wir ein Team?	

Abb. 59: Agility Assessment

ARBEITSMATERIALIEN

- Wie agil wollen wir sein?
- Kennen Sie den Status Quo?
- Wie sieht Ihr Zielbild aus?

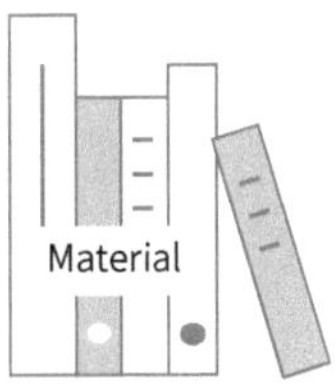

- Holocracy: https://www.holacracy.org

Literaturverzeichnis

Agrawal, Ajay; Gans, Joshua et al. (2018): Prediction Machines: The Simple Economics of Artificial Intelligence Harvard Business Review Press. Brighton, Massachusetts.

Bloomberg Innovation Index 2020: https://www.bloomberg.com/news/articles/2020-01-18/germany-breaks-korea-s-six-year-streak-as-most-innovative-nation?sref=v7EK4jrk. Abgerufen am 15.10.2020.

Brechner, Eric (2015): Agile Project Management with Kanban. Microsoft Press. Redmond.

Brynjolfsson, Erik; McAfee, Andrew (2014): The Second Machine Age: Wie die nächste digitale Revolution unser aller Leben verändern wird. Plassen Verlag, Kulmbach.

Cohn, Mike (2006): Agile Estimating and Planning. Prentice Hall. Upper Saddle River, New Jersey.

KfW-Innovationsbericht Mittelstand 2019: https://www.kfw.de/KfW-Konzern/Service/Download-Center/Konzernthemen/Research/KfW-Innovationsbericht/. Abgerufen am 15.10.2020.

Kim, Gene (Hsrg.) (2016): The DevOps Handbook – how to create world class agility. IT Revolution Press. Portland.

Kling, Marc-Uwe (2017): QualityLand. Ullstein, Berlin.

McGreal, Don; Jocham, Ralph (2018): The Professional Product Owner: Leveraging Scrum as a Competitive Advantage. Addison-Wesley Professional, Boston.

Meyer, Bertrand (2014): Agile! The Good, the Hype and the Ugly. Springer, Berlin.

Olsen, Dan (2015): The Lean Product Playbook: How to Innovate with Minimum Viable Products. Wiley, Hoboken.

Osterwalder, Alexander; Pigneur, Yves (2011): Business Model Generation: Ein Handbuch für Visionäre, Spielveränderer und Herausforderer. Campus Verlag, Frankfurt am Main.

Patton, Jeff (2014): User Story Mapping: Discover the whole story, build the right product. O'Reilly Media, Newton.

Pichler, Roman (2013): Agiles Produktmanagement mit Scrum: Erfolgreich als Product Owner arbeiten. dpunkt.verlag, Heidelberg.

Reinertsen, Donald G. (2009): The Principles of Product Development Flow: Second Generation Lean Product Development. Celeritas Publishing, New York.

Ries, Eric (2011): The Lean Startup: How Today's Entrepreneurs Use Continuous Innovation to Create Radically Successful Businesses. Random House, New York.

Rogers, Everett M. (1983): Diffusion of innovations (3rd ed.). Free Press, New York.

Uebernickel, Falk et al. (2015): Design Thinking – Das Handbuch. Frankfurter Allgemeine Buch, Frankfurt am Main.

Viki, Tendayi; Strong, Craig (2018): The Lean Product Lifecycle: A playbook for making products people want. Pearson Business, London.

Zuboff, Shoshana (2019): The Age of Surveillance Capitalism: The Fight for the Future at the New Frontier of Power. Profile Books, London.

Onlinequellen (alle Onlinequellen abgerufen am 15.10.2020):

Agile Manifesto: www.agilemanifesto.org

Business Modell Canvas: https://en.wikipedia.org/wiki/Business_Model_Canvas

Customer Journey Maps keeps the Customers happy: https://www.surveymonkey.com/curiosity/map-customer-journey-keep-customers-happy

Empathy Mapping: https://www.nngroup.com/articles/empathy-mapping

Evidence Based Management: https://www.scrum.org/resources/evidence-based-management

Explanatory Data Analysis: https://en.wikipedia.org/wiki/Exploratory_data_analysis

HEART Framework: https://research.google/pubs/pub36299

Holacracy: https://www.holacracy.org

Johari Fenster: https://de.wikipedia.org/wiki/Johari-Fenster

Kano Modell: https://de.wikipedia.org/wiki/Kano-Modell

Large Scale Scrum LeSS: https://less.works

Lean Start Up: http://theleanstartup.com

Persona Examples from around the web: https://www.brafton.com/blog/strategy/Persona-examples-from-around-the-web-and-why-they-work

Product Analytics for Product Managers: https://www.visionandbricks.com/tools/product-analytics-tools-for-product-managers

Product Vision Board: http://www.romanpichler.com/tools/vision-board

Rocket Internet: https://digital.hbs.edu/platform-rctom/submission/rocket-internet-a-copycat-business-model

Scaled Agile Framework: https://www.scaledagileframework.com

Scrum: www.scrum.org

Spotify Engineering Culture: https://engineering.atspotify.com/2014/03/27/spotify-engineering-culture-part-1

Tesla Modell 3 Production Hell: https://www.industryweek.com/operations/continuous-improvement/article/22021117/tesla-will-have-a-tough-time-ramping-up-production-heres-why

What are Consumer Insights? https://www.huffpost.com/entry/what-are-consumer-insight_b_5906624

Why didn't electricity immediately change manufacturing? https://www.bbc.com/news/business-40673694

Why you only need 5 users: https://www.nngroup.com/articles/why-you-only-need-to-test-with-5-users

Weighted Shortest Job First: https://www.scaledagileframework.com/wsjf

Abbildungsverzeichnis

Stichwortverzeichnis

Der Autor

Jan Schneider arbeitet als Berater und Trainer und unterstützt Organisationen im Wandel. Sein Thema ist die agile Arbeit mit Produkten, Projekten und Prozessen. Jan Schneider ist Gründer und Manager des Beratungsunternehmens c43p. Seit über 20 Jahren begleitet er Unternehmen bei der Entwicklung von Kompetenzen, dem Transfer von Erfahrungen und der Gestaltung von Lernprozessen.

Jan Schneider ist ausgebildeter Volkswirt und Organisationspsychologe. Als Fachjournalist und Blogger beschäftigt ihn der Prozess der Digitalisierung in Wirtschaft und Gesellschaft. Weitere Informationen zum Autor finden Sie auf www.c43p.de.

Feedback